低温储罐工程国内外标准汇编

王会峰 主 编
程久欢 苏 娟 易吉梅 副主编

東南大學出版社
SOUTHEAST UNIVERSITY PRESS
·南京·

内 容 简 介

本书基于完工及在建液化天然气(LNG)项目，对在实际工作中已经采用并被业界公认的、比较成熟的标准按照专业进行整理，主要包括通用、总图运输、工艺、土建、结构、建筑、管道、机械、电气、仪表、通信、消防给排水、安全和防腐等专业，形成包括设计、建造及竣工验收在内的 LNG 储罐工程全生命周期建设技术标准目录，适用于低温储罐工程设计、施工、验收、调试等各个阶段。

本书对于 LNG 工程建设的从业者有着较强的参考价值，并且有助于提升工程质量、确保工程安全，推动技术进步。

图书在版编目（CIP）数据

低温储罐工程国内外标准汇编 / 王会峰主编.
南京：东南大学出版社，2024. 11. -- ISBN 978-7
-5766-1772-6

Ⅰ. TE972-65

中国国家版本馆 CIP 数据核字第 2024AL9521 号

责任编辑：曹胜玫　　责任校对：张万莹　　封面设计：余武莉　　责任印制：周荣虎

低温储罐工程国内外标准汇编

主　　编：王会峰
出版发行：东南大学出版社
出 版 人：白云飞
社　　址：南京四牌楼 2 号　邮编：210096　电话：025 - 83793330
网　　址：http://www. seupress. com
经　　销：全国各地新华书店
印　　刷：广东虎彩云印刷有限公司
开　　本：700 mm×1000 mm　1/16
印　　张：7. 25
字　　数：104 千字
版　　次：2024 年 11 月第 1 版
印　　次：2024 年 11 月第 1 次印刷
书　　号：ISBN 978-7-5766-1772-6
定　　价：39. 00 元

本社图书若有印装质量问题，请直接与营销部联系。电话：025 - 83791830。

编写委员会

主　编　王会峰

副主编　程久欢　苏　娟　易吉梅

编　委（以姓氏笔画为序）

王　伟　卢　晶　付　裕　冯建周　朱光辉
齐海宁　孙　瑜　苏龙龙　苏靖伟　杜洋洋
杜溪婷　李文杰　李　俊　李红霞　佟姝茜
张金池　张赵君　张喜强　陈　旭　陈　程
金　剑　姜永胜　郭　琳　贾　砼　黄　洲
韩小康　甄静水　蔡德成

前　言

近年来，中国的能源产业取得了巨大的成就，并且实现了跨越式发展，能源产业结构也日趋合理。作为能源产业的重要组成部分，液化天然气（Liquefied Natural Gas，LNG）作为一种清洁、高效、多用途的清洁能源，其产业也得到了快速发展。在LNG接收站中，LNG储罐是投资最大、技术含量最高的单体结构，其核心技术最早掌握在国外工程公司手中，因而导致建设成本居高不下。经过我国LNG储罐参建单位和广大建设者的不懈努力，设计、采办和建造等各个环节国产化的比例越来越高，LNG储罐建造成本处于持续降低趋势。与此同时，标准规范的国产化进程也在不断推进，随着设计、建造经验的积累和国内标准规范的陆续颁布，LNG储罐建设从完全依赖欧美等国外标准体系逐步转变为以国内标准规范为主、国外标准体系为辅，这一转变过程与核心技术、设备、材料的国产化是相辅相成的。

为积极响应国家号召，大力发展LNG领域的市场，进一步确保储罐工程建设质量，促进LNG储罐工程建设管理的规范化和标准化，指导项目设计、施工、调试、验收等工作，我们编写了本书。本书基于完工及在建LNG项目，对在实际工作中已经采用并被业界公认的、比较成熟的标准按照专业进行收录整理，在国内标准方面，收录了从通用规范到具体施工细节的全方位指导，如通用、总图运输、工艺、土建、结构、建筑、管道、机械、电气、仪表、通信、消防给排水、安全和防腐等多个方面。而在国外标准方面，本书收录的标准同样包含了上述提及的各个技术领域，这些国外标准不仅为我们提供了与国际接轨的技术参考，还为我们拓展国际视野、提升工程建设的国际化水平提供了有力支持。

书中罗列出的技术标准，基本涵盖了 LNG 储罐工程建设所需的技术规范和要求，为从事 LNG 储罐工程的设计、施工、验收、调试等各个环节提供了强有力的技术支撑和保障。本书对于 LNG 工程建设的从业者有着较强的参考价值，并且有助于提升工程质量，确保工程安全，推动技术进步。

本书所提供的所有信息、资料、数据及任何形式的内容，均旨在与读者进行技术交流，并提供一般性的参考。读者在阅读本书的过程中，应了解以下内容：

(1) 本书在编撰过程中力求信息的准确与时效性，但限于编写和出版时间差，无法保证所有信息的绝对准确和时效性。读者应进行动态的查询和核对。

(2) 本书所提供的信息，基于作者工程实践的积累，不构成专业性的指导，读者在采用本书内容前，应经过独立的分析论证。

(3) 读者在采用本书所列文献前，应确保该文献的版权可用。

本书尊重并保护知识产权，如读者发现有侵犯其知识产权的内容，请及时联系我们，我们将尽快处理。

说　明

为进一步规范化和标准化低温储罐工程设计、施工、验收和调试各个阶段的各项工作，结合已完成的LNG储罐工程建设的经验，编者选出有关的国内、外标准，形成《低温储罐工程国内外标准汇编》（简称《标准汇编》）。有关情况说明如下。

一、标准的选择

《标准汇编》选编的标准主要为已完成的LNG储罐工程建设项目中采用的比较成熟的标准。

二、《标准汇编》的编排

本《标准汇编》分为国内标准和国外标准两大部分。国内外标准按照项目阶段即设计、施工、验收及调试分为4个部分，其中设计、施工、验收部分均包含14个专业，即通用标准、总图运输、工艺、土建、结构、建筑、管道、机械、电气、仪表、通信、消防给排水、安全、防腐；调试部分包含7个专业，即工艺、电气、仪表、通信、机械、安全、消防给排水，其中通用标准是指对各专业范围统一适用的标准。

在每个专业部分的编排上，国内标准按照国标、行标、企标的先后顺序排列；国外标准按照英文名称首字母（标准号）顺序排列。国内标准名称用中文，国外标准名称采用中英文对照，英文名称在前，中文名称在后。

三、标准的使用

1. 适用范围

《标准汇编》适用于低温储罐工程的设计、施工、验收及调试等项目阶段。

2. 标准的分级

《标准汇编》中标准分为二级：

A级为项目强制执行的标准；

B级为项目推荐执行的标准。

3. 标准的执行顺序

(1) 国内标准的执行顺序

① 中国国家和行业强制性标准及条文；

② 中国海油企业标准；

③ 中国LNG专用标准；

④ 中国国家和行业推荐性标准。

(2) 国外标准的执行顺序

① 国际LNG专用标准；

② 国际通用标准。

4. 标准替代

A类标准不能替代；对于B类标准，如果从业者拟使用替代标准，须提出正式的书面申请，报请相关部门批准后方可执行。

5. 未列用标准的使用

由于编审时间有限，本书所选标准可能不全，此外，一些新的国内和国外标准可能会不断发布或修订。因此，从业者在项目实施过程中可以根据需要提出项目必须但未列入本《标准汇编》的标准使用报告，经相关部门批准后方可采用。

目　录

第一章

国内外标准应用概况

LNG低温储存技术最早可追溯到20世纪初，1912年，第一座小型天然气液化工厂在美国建成，并于1917年投入使用；1941年，俄亥俄天然气公司在克利夫兰制成了3台直径为17.37 m的LNG球形储罐；1954年出现了第一台用于液氧的不锈钢双壁绝热平底低温储槽；1958年美国芝加哥桥梁钢铁公司在路易斯安那建造了第一座容积为5 550 m^3 的LNG储罐。随着技术的不断进步，LNG储存设施从小规模球形储罐发展为数十万立方米的大型全容式储罐和薄膜罐。在大型低温LNG储罐设计与建造方面，美国、部分欧洲国家、日本等工业发达国家都分别制定了专门的规范或标准，并形成了四大标准体系：欧洲标准体系、美国标准体系、日本标准体系和加拿大标准体系。国外标准体系涵盖了LNG储罐项目选址、设计、建造、调试，运行，以及管理的全过程。其中NFPA59A—2001《液化天然气(LNG)生产、储存和装运标准》是公认的LNG行业世界先进标准，在业界被世界各国普遍采用。四大标准体系的核心标准规范和基本情况以及涉及的其他重要标准规范见表1。

表1　国外LNG储罐标准体系

标准体系	核心标准规范	主要内容	部分相关标准规范
欧洲标准体系	EN 14620—2006《工作温度0℃～－165℃的冷冻液化气体储存用现制立式圆筒平底钢罐的设计与制造》	包括通则，金属部件，混凝土部件，保冷部件，以及试验、干燥、吹扫、冷却五个部分	EN 1991《结构物荷载规范》 EN 1992《混凝土结构的设计》 EN 1998《抗震结构设计》 EN 1473《液化天然气设备与安装 陆上装置设计》

（续表）

标准体系	核心标准规范	主要内容	部分相关标准规范
美国标准体系	API 620—2021《大型焊接低压储罐的设计与建造》	适用于内压不大于100 kPa（表压）、储液温度为 121℃ ～ －167℃的大型焊接低压储罐的设计、建造和检验	ACI 318《美国房屋建筑混凝土结构规范》 API STD 650—2020《焊接石油储罐》 ASCE（American Society of Civil Engineers）、ASME（American Society of Mechanical Engineers）等美国工程师协会规范 NFPA 59A—2023《液化天然气（LNG）生产、储存和装运》
加拿大标准	CSA Z276—2022《液化天然气（LNG）生产、储存和装运》	适用于 LNG 设计、施工、操作、天然气液化和储存、气化、转运等设施的维护以及人员培训	加拿大标准协会（Canadian Standards Association，CSA）标准 ACI 318《美国房屋建筑混凝土结构规范》 AISC 360-16《钢结构建筑设计规范》
日本标准体系	JGA 指 - 108 - 19《LNG 地上式储罐指南》	地上式的金属双容罐或预应力混凝土储罐的计划、设计、建造，以及维修管理	《日本燃气协会燃气生产设备等抗震设计指南》 《钢结构设计规程》 《钢筋混凝体构造计算规程》
	JGA 指 - 107 - 19《LNG 地下式储罐指南》	适用于设置在地下、带有吊顶的低温、低压 LNG 薄膜罐的设计、建造，以及维修管理	

相较于美国、日本及部分欧洲国家，我国 LNG 产业起步较晚，前期国内 LNG 储罐的设计和建造完全依赖国外承包商，由于缺乏相应的技术及标准，LNG 产业发展之初主要参照国际标准开展相关工作，标准编制以采标为主，主要以国际标准化组织 ISO/TC67/WG10 确定的标准范围和进程为基础，结合国内 LNG 行业发展实际需要，优先采用 LNG 技术成熟和应用广泛的 ISO/WG10、欧洲标准（European Norm，EN）、美国消防协会（National Fire Protection Association，NFPA）等有关标准。其中国标 GB/T 26978—2021《现场组装立式圆筒平底钢质液化天然气储罐的设计与建造》采标 EN14620，GB/T 20368—2021《液化天然气（LNG）生产、储存和装运》采标 NFPA59A 等，国内低温储罐技术标准采标情况请参见表 2。

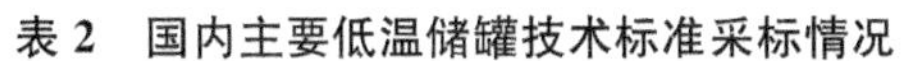
表 2　国内主要低温储罐技术标准采标情况

国内标准名称	国外采标名称	主要内容
GB/T 26978—2021《现场组装立式圆筒平底钢质低温液化气储罐的设计与建造》	EN 14620—2006 Design and Manufacture of Site Built, Vertical, Cylindrical, Flat-bottomed Steel Tanks for the Storage of Refrigerated, Liquefied Gases with Operating Temperatures between 0℃ and −165℃（《工作温度 0～−165℃的冷冻液化气体储存用现制立式圆筒平底钢罐的设计与制造》）	本标准适用于现场组装的立式、圆筒、平底、钢质、操作温度介于 0℃～−165℃之间的液化天然气储罐的设计和建造，包括通则，金属构件，混凝土构件，保冷部件以及试验、干燥、吹扫、冷却五个章节
GB/T 20368—2021《液化天然气生产、储存和装运》	NFPA 59A—2023 Standard for the Production, Storage, and Handling of Liquefied Natural Gas (LNG)[《液化天然气(LNG)生产、储存和装运》]	本标准规定了 LNG 工厂在选址、设计、施工、安保、操作和维护方面的消防、安全和相关要求。适用于天然气液化设施，液化天然气(LNG)储存、气化、转运和装卸设施，LNG 方面的人员培训，所有 LNG 设施设计、选址、施工、维护和操作；本标准不适用于冻土地下储罐、在建筑物内存放或使用的可移动储罐、所有 LNG 车辆包括 LNG 车加注
SY/T 0608—2014《大型焊接低压储罐的设计与建造》	API 620—2021 Design and Construction of Large, Welded, Low-Pressure Storage Tanks（《大型焊接低压储罐的设计与建造》）	本标准适用于具有单一垂直回转轴，用于储存石油中间产品（气体或蒸气）、成品以及其他类似液体的大型钢制焊接低压地上储罐的设计与建造。本标准适用于设计压力（表压）小于 0.1 MPa (15 lb/in^2)，金属温度不高于 120℃（250℉）的储罐
GB/T 19204—2020《液化天然气的一般特性》	ISO 16903—2015 Petroleum and Natural Gas Industries — Characteristics of LNG, Influencing the Design, and Material Selection（《石油和天然气工业——液化天然气影响设计和材料选择的特性》）	本标准给出了液化天然气的一般特性、健康与安全、建造材料，可做液化天然气领域其他标准的参考，也可供设计和操作液化天然气设施的人员参考

（续表）

国内标准名称	国外采标名称	主要内容
GB/T 22724—2022《液化天然气设备与安装 陆上装置设计》	EN 1473—2021 Installation and Equipment for Liquefied Natural Gas — Design of Onshore Installations（《液化天然气设备与安装 陆上装置设计》）	本标准为所有陆上固定式液化天然气装置（包括 LNG 的液化、储存、气化、转运和装运装置）的设计、施工和操作指南
SY/T 7304—2016《低温液化气储罐混凝土结构设计和施工规范》	ACI 376—2011 Code Requirements for Design and Construction of Concrete Structures for the Containment of Refrigerated Liquefied Gases and Commentary（《用于容纳冷冻液化气的混凝土结构的设计施工规范要求和评论》）	本标准规定了工作温度在 4℃～－200℃之间的低温液化气（RLG）储罐混凝土和预应力混凝土结构设计与施工的最低要求。这些原则也适用于经业主批准的双金属储罐的混凝土基础。储罐混凝土结构应包括罐壁、基础（包括底板）、罐顶及可能需要的围堰

随着国内 LNG 行业技术不断发展，我国的自主设计、建造能力不断提高，LNG 标准体系也逐渐走向成熟，逐步从以采标为主，发展到采标和自主制定相结合。我国于 2000 年成立液化天然气标准技术工作组，结合国内 LNG 发展趋势，借鉴先进的国际标准和国外标准，陆续颁布了一系列 LNG 相关标准规范，其中中海石油气电集团负责编制并于 2011 年颁布的 GB/T 26978—2011《现场组装立式圆筒平底钢质液化天然气储罐的设计与建造》（已作废，现行标准为 GB/T 26978—2021）为 LNG 储罐工程核心规范，各设计专业规范和施工规范中国内规范的比例逐渐增加。目前低温储罐各专业部分主要应用标准参见表 3。

表 3　低温储罐各专业部分主要应用标准

专业	标准规范	主要内容
通用	GB 50183—2015《石油天然气工程设计防火规范》（暂缓实施，仍按 GB 50183—2004 执行）	本规范适用于新建、扩建、改建的陆上油气田工程、管道站场工程和海洋油气田陆上终端工程的防火设计。主要内容包含了石油天然气站场总平面布置、石油天然气站场生产设施、油气田内部集输管道、消防设施、电气、液化天然气站场等

（续表）

专业	标准规范	主要内容
通用	GB/T 26978—2021《现场组装立式圆筒平底钢质低温液化气储罐的设计与建造》	本标准规定了现场组装的地上立式圆筒平底钢质主容器储罐(含金属构件、混凝土构件、绝热构件等)设计、建造和安装的一般要求,描述了储罐的试验、干燥、置换和冷却的程序和方法
	GB/T 20368—2021《液化天然气(LNG)生产、储存和装运》	本标准适用于陆上新建、扩建和改建的LNG站场。不适用于冻土容器、在室内安装或使用的移动式储罐、LNG加注车和LNG燃料车。主要规定了液化天然气(LNG)站场设计、施工、运行和维护等的技术要求
	GB 51156—2015《液化天然气接收站工程设计规范》	本规范适用于陆上新建、扩建和改建的液化天然气接收站工程的设计,共分12章和2个附录,主要技术内容有:站址选择、总图与运输、工艺系统、设备、液化天然气储罐、设备布置与管道等
工艺专业	GB/T 20801—2020《压力管道规范 工业管道》	本规范规定了工业金属压力管道设计、制作、安装、检验、试验和安全防护的基本要求。主要内容包含压力管道的适用范围和管道分级等基本要求。
	GB/T 22724—2022《液化天然气设备与安装 陆上装置设计》	本规范规定了天然气液化厂(LNG工厂)、LNG接收站、浮式储存设施陆上气化部分、LNG调峰站和船舶LNG加注站的固定设施设计、建造和运行等的技术要求
土建&结构	GB 55001—2021《工程结构通用规范》	工程结构必须执行本规范。本规范为强制性工程建设规范,全部条文必须严格执行
	GB 55002—2021《建筑与市政工程抗震通用规范》	本规范适用于抗震设防烈度6度及以上地区的各类新建、扩建、改建建筑和市政工程必须进行抗震设防,工程项目的勘察、设计、施工、使用维护等必须执行本规范
	GB 55003—2021《建筑与市政地基基础通用规范》	本规范是建筑与市政地基基础工程建设控制性底线要求,具有法规强制效力,必须严格遵守。本规范主要规定了天然地基、处理地基、桩基、基础、基坑工程及边坡工程等的设计、施工及验收要求

（续表）

专业	标准规范	主要内容
土建&结构	GB 55006—2021《钢结构通用规范》	本规范适用于除公路、铁路桥梁等钢结构工程的设计、施工及验收，主要内容包括构件及连接设计、结构设计、抗震及防护设计等
	GB 55008—2021《混凝土结构通用规范》	混凝土结构工程必须执行本规范。本规范规定了混凝土结构工程的基本要求，包括结构设计工作年限、结构安全等级、抗震设防类别、结构上的作用和作用组合等。此外，规范还要求进行结构承载能力极限状态、正常使用极限状态和耐久性设计，并应符合工程的功能和结构性能要求
	GB 50009—2012《建筑结构载荷规范》	本规范适用于建筑工程的结构设计。主要技术内容包括：总则、术语和符号、荷载分类和荷载组合、永久荷载、楼面和屋面活荷载、吊车荷载、雪荷载、风荷载、温度作用、偶然荷载
电气专业	GB 50034—2024《建筑照明设计标准》	本标准适用于新建、改建以及装修的民用建筑和工业建筑室内照明及其用地红线范围内的室外功能照明设计，主要内容包括总则、术语、基本规定、照明数量和质量、照明标准值、照明节能、照明配电与控制等
	GB 50057—2010《建筑物防雷设计规范》	本规范适用于新建、扩建、改建建筑物的防雷设计，主要内容包括建筑物等的防雷分类、防雷措施、防雷装置、防雷击电磁脉冲
	GB 55024—2022《建筑电气与智能化通用规范》	本规范适用于供电电压不超过 35 kV 的工业与民用建筑和市政工程电气与智能化系统，主要内容包括：建筑电气与智能化系统相关的设计、施工、检验和验收、运行维护等
仪表专业	GB 50093—2013《自动化仪表工程施工及质量验收规范》	本规范适用于自动化仪表工程的施工及质量验收。主要内容包括总则、术语、基本规定、仪表设备和材料的检验及保管、取源部件安装、仪表设备安装、仪表线路安装、仪表管道安装、脱脂、电气防爆和接地、防护、仪表试验、工程交接验收

（续表）

专业	标准规范	主要内容
仪表专业	GB/T 50493—2019《石油化工可燃气体和有毒气体检测报警设计标准》	本标准适用于石油化工新建、扩建工程中可燃气体和有毒气体检测报警系统的设计。主要内容包括总则、术语、一般规定、检测点确定、可燃气体和有毒气体检测报警系统设计、可燃气体和有毒气体检测报警系统安装
	GB/T 50770—2013《石油化工安全仪表系统设计规范》	本规范适用于石油化工工厂或装置新建、扩建及改建项目的安全仪表系统的工程设计。主要内容包括总则、术语和缩略语、安全生命周期、安全完整性等级、设计基本原则、测量仪表、最终元件、逻辑控制器、通信接口、人机接口、应用软件、工程设计、组态、集成与调试、验收测试、操作维护、变更管理、文档管理
通信专业	GB 50116—2013《火灾自动报警系统设计规范》	本规范适用于新建、扩建和改建的建、构筑物中设置的火灾自动报警系统的设计，不适用于生产和贮存火药、炸药、弹药、火工品等场所设置的火灾自动报警系统的设计。主要内容包括总则、术语、基本规定、消防联动控制设计、火灾探测器的选择、系统设备的设置、住宅建筑火灾自动报警系统、可燃气体探测报警系统、电气火灾监控系统、系统供电、布线、典型场所的火灾自动报警系统
	GB 50311—2016《综合布线系统工程设计规范》	本规范适用于新建、扩建、改建建筑与建筑群综合布线系统工程设计，主要内容包括总则、术语和缩略语、系统设计、光纤到用户单元通信设施、系统配置设计、性能指标、安装工艺要求、电气防护及接地、防火
	GB 51158—2015《通信线路工程设计规范》	本规范适用于新建、改建和扩建陆地通信传输系统的室外线路工程设计，主要内容包括总则、缩略语、通信线路网、光(电)缆及终端设备的选择、通信线路路由的选择、光缆线路敷设安装、电缆线路敷设安装、光(电)缆线路防护、局站站址选择与建筑要求
机械专业	GB/T 22724—2022《液化天然气设备与安装陆上装置设计》	本规范规定了天然气液化厂(LNG 工厂)、LNG 接收站、浮式储存设施陆上气化部分、LNG 调峰站和船舶 LNG 加注站的固定设施设计、建造和运行等的技术要求
	GB/T 150—2024 压力容器	本规范规定了压力容器包括通用要求、材料、设计、制造、检验等内容。

（续表）

专业	标准规范	主要内容
管道专业	GB/T 51257—2017《液化天然气低温管道设计规范》	本规范共分10章和3个附录，主要技术内容是总则、术语、设计条件和基准、管道材料、管道组成件、管道布置、管道应力分析、管道支吊架、管道施工及检验要求、保冷和防腐等
	GB 50316—2000(2008年版)《工业金属管道设计规范》	本规范适用于公称压力小于或等于42 Mpa的工业金属管道及非金属衬里的工业金属管道的设计
	GB 50264—2013《工业设备及管道绝热工程设计规范》	本规范共分6章5个附录，主要内容包括：总则，术语和符号，基本规定，绝热材料的选择，绝热计算，绝热结构设计等
消防给排水专业	GB 50219—2014《水喷雾灭火系统技术规范》	本规范适用于新建、扩建和改建工程中设置的水喷雾灭火系统的设计、施工、验收及维护管理，主要包括总则、术语和符号，基本设计参数和喷头布置，系统组件、给水、操作与控制、水力计算、施工、验收、维护管理等
	GB 50974—2014《消防给水及消火栓系统技术规范》	本规范适用于新建、扩建、改建的工业、民用、市政等建设工程的消防给水及消火栓系统的设计、施工、验收和维护管理
	GB 50347—2004《干粉灭火系统设计规范》	本规范适用于新建、扩建、改建工程中的设置的干粉灭火系统，包括全淹没灭火系统、局部应用灭火系统的设计
安全专业	GB 50058—2014《爆炸危险环境电力装置设计规范》	本规范适用于在生产、加工、处理、转运或贮存过程中出现或可能出现爆炸危险环境的新建、扩建工程的爆炸危险区域划分及电力装置设计
	GB/T 22724—2022《液化天然气设备与安装陆上装置设计》	本规范为所有陆上固定式液化天然气装置（包括LNG的液化、储存、气化、转运和装运装置）的设计、施工和操作提供指南
防腐专业	HG/T 5060—2016 液化天然气（LNG）储罐用防腐涂料	本规范适用于岸基液化天然气接收站储罐、城市天然气调峰储罐、气田液化气储罐等固定型式的液化天然气储罐的保护和装饰用涂料

（续表）

专业	标准规范	主要内容
防腐专业	SH/T 3022—2019 石油化工设备和管道涂料防腐蚀设计标准	本标准适用于石油化工钢质设备和管道及其附属钢结构的外表面涂料防腐蚀设计，主要规定了石油化工钢质设备和管道涂料防腐蚀设计要求
	SY/T 7036—2016 石油天然气站场管道及设备外防腐层技术规范	本规范适用于石油天然气站场下述工况条件的管道及设备外防腐层设计、施工及检验：1. 长期最高运行温度为 80℃的埋地非绝热钢质管道及设备。2. 长期运行温度为－35℃～400℃的埋地绝热钢质管道及设备。3 长期运行温度为－35℃～400℃的地面钢质管道及设备

中国的 LNG 储罐技术标准体系日益成熟，目前，国内 LNG 项目中各专业的设计、施工、验收及调试一般都遵循最新版本的中国国家标准。对于成套或配套引进设备，执行引进国家的有关规范和标准，若与我国规范和标准中的强制性条文有冲突时，一般执行较为严格的规范和标准。

第二章

国内标准目录

2.1 设计标准

2.1.1 通用标准

序号	标准号	名称	执行级别
1	GB 51156—2015	《液化天然气接收站工程设计规范》	A
2	GB 50160—2018	《石油化工企业设计防火标准》(2018 版)	A
3	GB 50493—2019	《石油化工可燃气体和有毒气体检测报警设计标准》	A
4	GB 50183—2015	《石油天然气工程设计防火规范》(暂缓实施)	A
5	GB 50016—2014	《建筑设计防火规范》(2018 版)	A
6	GB 50058—2014	《爆炸危险环境电力装置设计规范》	A
7	GB/T 20368—2021	《液化天然气(LNG)生产、储存和装运》	B
8	GB/T 26978—2021	《现场组装立式圆筒平底钢质低温液化气储罐的设计与建造》	B
9	GB/T 50938—2013	《石油化工钢制低温储罐技术规范》	B
10	GB/T 22724—2022	《液化天然气设备与安装 陆上装置设计》	B
11	SH 3136—2003	《液化烃球形储罐安全设计规范》	A
12	SH/T 3007—2014	《石油化工储运系统罐区设计规范》	B
13	SY/T 0608—2014	《大型焊接低压储罐的设计与建造》	B
14	SY/T 6711—2014	《液化天然气接收站技术规范》	B

2.1.2　总图运输

序号	标准号	名称	执行级别
1	GB 50984—2014	《石油化工工厂布置设计规范》	A
2	GB 50489—2009	《化工企业总图运输设计规范》	A
3	GB 50187—2012	《工业企业总平面设计规范》	A
4	GB 50201—2014	《防洪标准》	B
5	GB/T 50103—2010	《总图制图标准》	A
6	GB/T 51027—2014	《石油化工企业总图制图标准》	A
7	GBJ 22—1987	《厂矿道路设计规范》	B
8	JTG B01—2014	《公路工程技术标准》	B
9	JTG D40—2011	《公路水泥混凝土路面设计规范》	B
10	JTG D30—2015	《公路路基设计规范》	B
11	JTG/T F20—2015	《公路路面基层施工技术细则》	A

2.1.3　工艺

序号	标准号	名称	执行级别
1	GB 12268—2012	《危险货物品名表》	A
2	GB 15603—2022	《危险化学品仓库储存通则》	A
3	GB 150.1～150.4—2011	《压力容器》	A
4	GB 50316—2000	《工业金属管道设计规范》(2008版)	A
5	GB/T 51257—2017	《液化天然气低温管道设计规范》	B
6	GB/T 19204—2020	《液化天然气的一般特性》	B
7	GB/T 12241—2021	《安全阀　一般要求》	B
8	GB/T 20801—2020	《压力管道规范　工业管道》	B
9	GB/T 37124—2018	《进入天然气长输管道的气体质量要求》	B

（续表）

序号	标准号	名称	执行级别
10	HG/T 20519—2009	《化工工艺设计施工图内容和深度统一规定》	B
11	HG/T 20505—2014	《过程测量与控制仪表的功能标志及图形符号》	B
12	HG/T 20570—95	《工艺系统工程设计技术规定》	B
13	SH 3009—2013	《石油化工可燃性气体排放系统设计规范》	A
14	SH 3011—2011	《石油化工工艺装置布置设计规范》	A
15	SH 3012—2011	《石油化工金属管道布置设计规范》	A
16	SH/T 3020—2013	《石油化工仪表供气设计规范》	B
17	TSG 21—2016	《固定式压力容器安全技术监察规程》	A
18	TSG ZF001—2006	《安全阀安全技术监察规程》	A
19	SY/T 7434—2018	《液化天然气接收站能力核定方法》	B
20	SY/T 10043—2002	《泄压和减压系统指南》	B

2.1.4　土建

序号	标准号	名称	执行级别
1	GB 175—2023	《通用硅酸盐水泥》	A
2	GB 18306—2015	《中国地震动参数区划图 》	A
3	GB 50007—2011	《建筑地基基础设计规范》	A
4	GB 50009—2012	《建筑结构荷载规范》	A
5	GB 50011—2010	《建筑抗震设计标准》(2024 年版)	A
6	GB 50021—2001	《岩土工程勘察规范(2009 年版)》	A
7	GB 50046—2018	《工业建筑防腐蚀设计标准》	A
8	GB 50068—2018	《建筑结构可靠性设计统一标准》	A
9	GB 50108—2008	《地下工程防水技术规范》	A
10	GB 50119—2013	《混凝土外加剂应用技术规范》	A

（续表）

序号	标准号	名称	执行级别
11	GB 50191—2012	《构筑物抗震设计规范》	A
12	GB 50223—2008	《建筑工程抗震设防分类标准》	A
13	GB 50453—2008	《石油化工建(构)筑物抗震设防分类标准》	A
14	GB 50473—2008	《钢制储罐地基基础设计规范》	A
15	GB 51081—2015	《低温环境混凝土应用技术规范》	A
16	GB 8076—2008	《混凝土外加剂》	A
17	GB 8624—2012	《建筑材料及制品燃烧性能分级》	A
18	GB/T 1228—2006	《钢结构用高强度大六角头螺栓》	B
19	GB/T 1229—2006	《钢结构用高强度大六角螺母》	B
20	GB/T 1230—2006	《钢结构用高强度垫圈》	B
21	GB/T 1231—2006	《钢结构用高强度大六角头螺栓、大六角螺母、垫圈技术条件》	B
22	GB/T 12898—2009	《国家三、四等水准测量规范》	B
23	GB/T 14370—2015	《预应力筋用锚具、夹具和连接器》	B
24	GB/T 14684—2022	《建设用砂》	B
25	GB/T 14685—2022	《建筑用卵石、碎石》	B
26	GB/T 14902—2012	《预拌混凝土》	B
27	GB/T 1596—2017	《用于水泥和混凝土中的粉煤灰》	B
28	GB/T 18046—2017	《用于水泥、砂浆和混凝土中的粒化高炉矿渣粉》	B
29	GB/T 228.1—2021	《金属材料 拉伸试验第1部分:室温试验方法》	B
30	GB/T 228.3—2019	《金属材料 拉伸试验 第3部分:低温试验方法》	B
31	GB/T 24356—2023	《测绘成果质量检查与验收》	B
32	GB/T 25181—2019	《预拌砂浆》	B
33	GB/T 25182—2010	《预应力孔道灌浆剂》	B
34	GB/T 33365—2016	《钢筋混凝土用钢筋焊接网 试验方法》	B

（续表）

序号	标准号	名称	执行级别
35	GB/T 33803—2017	《钢筋混凝土阻锈剂耐蚀应用技术规范》	B
36	GB/T 3632—2008	《钢结构用扭剪型高强度螺栓连接副》	B
37	GB/T 40029—2021	《液化天然气储罐用预应力钢绞线》	B
38	GB/T 50010—2010	《混凝土结构设计标准》(2024 年版)	B
39	GB/T 50105—2010	《建筑结构制图标准》	B
40	GB/T 50448—2015	《水泥基灌浆材料应用技术规范》	B
41	GB/T 50476—2019	《混凝土结构耐久性设计标准》	B
42	GB/T 50733—2011	《预防混凝土碱骨料反应技术规范》	B
43	GB/T 50933—2013	《石油化工装置设计文件编制标准》	B
44	GB/T 5224—2023	《预应力混凝土用钢绞丝》	B
45	GB/T 5780—2016	《六角头螺栓　C 级》	B
46	GB/T 5782—2016	《六角头螺栓》	B
47	GB/T 709—2019	《热轧钢板和钢带的尺寸、外形、重量及允许偏差》	B
48	GB/T 1499.1—2024	《钢筋混凝土用钢 第 1 部分：热轧光圆钢筋》	B
49	GB/T 1499.2—2024	《钢筋混凝土用钢 第 2 部分：热轧带肋钢筋》	B
50	GBJ 22—1987	《厂矿道路设计规范》	A
51	DGJ08-11—2018	《地基基础设计标准》	A
52	DGJ08-69—2007	《预应力混凝土结构设计规程》	A
53	JG/T 163—2013	《钢筋机械连接用套筒》	B
54	JG/T 223—2017	《聚羧酸系高性能减水剂》	B
55	JG/T 225—2020	《预应力混凝土用金属波纹管》	B
56	JGJ 107—2016	《钢筋机械连接技术规程》	A
57	JGJ 114—2014	《钢筋焊接网混凝土结构技术规程》	A
58	JGJ 145—2013	《混凝土结构后锚固技术规程》	A
59	JGJ 18—2012	《钢筋焊接及验收规程》	A

（续表）

序号	标准号	名称	执行级别
60	JGJ 55—2011	《普通混凝土配合比设计规程》	A
61	JGJ 63—2006	《混凝土用水标准》	A
62	JGJ 79—2012	《建筑地基处理技术规范》	A
63	JGJ 8—2016	《建筑变形测量规范》	A
64	JGJ 82—2011	《钢结构高强度螺栓连接技术规程》	A
65	JGJ 85—2010	《预应力筋用锚具、夹具和连接器应用技术规程》	A
66	JGJ 94—2008	《建筑桩基技术规范》	A
67	JGJ/T 140—2019	《预应力混凝土结构抗震设计标准》	B
68	JGJ/T 178—2009	《补偿收缩混凝土应用技术规程》	B
69	JGJ/T 187—2019	《塔式起重机混凝土基础工程技术标准》	B
70	JGJ/T 188—2009	《施工现场临时建筑物技术规范》	B
71	JGJ/T 225—2010	《大直径扩底灌注桩技术规程》	B
72	JGJ/T 241—2011	《人工砂混凝土应用技术规程》	B
73	JGJ/T 317—2014	《建筑工程裂缝防治技术规程》	B
74	JGJ/T 74—2017	《建筑工程大模板技术标准》	B
75	JT/T 537—2018	《钢筋混凝土阻锈剂》	B
76	JTG D30—2015	《公路路基设计规范》	A
77	JTG D40—2011	《公路水泥混凝土路面设计规范》	A
78	SH 3147—2014	《石油化工构筑物抗震设计规范》	B
79	SH/T 3062—2017	《石油化工球罐基础设计规范》	B
80	SH/T 3132—2013	《石油化工钢筋混凝土水池结构设计规范》	B
81	SL 211—2006	《水工建筑物抗冰冻设计规范》	B
82	T/CECS 592—2019	《钻孔灌注桩施工技术标准》	B
83	YB/T 4641—2018	《液化天然气储罐用低温钢筋》	B

2.1.5 结构

序号	标准号	名称	执行级别
1	GB 18306—2015	《中国地震动参数区划图》	A
2	GB 50003—2011	《砌体结构设计规范》	A
3	GB 50007—2011	《建筑地基基础设计规范》	A
4	GB 50009—2012	《建筑结构荷载规范》	A
5	GB 50010—2010	《混凝土结构设计标准》(2024 年版)	A
6	GB 50011—2010	《建筑抗震设计标准》(2024 年版)	A
7	GB 50017—2017	《钢结构设计标准》	A
8	GB 50018—2002	《冷弯薄壁型钢结构技术规范》	A
9	GB 50040—2020	《动力机器基础设计标准》	A
10	GB 50021—2001	《岩土工程勘察规范》(2009 年版)	A
11	GB 50068—2018	《建筑结构可靠性设计统一标准》	A
12	GB 50191—2012	《构筑物抗震设计规范》	A
13	GB 50223—2008	《建筑工程抗震设防分类标准》	A
14	GB 50453—2008	《石油化工建(构)筑物抗震设防分类标准》	A
15	GB 50661—2011	《钢结构焊接规范》	A
16	GB 51006—2014	《石油化工建(构)筑物结构荷载规范》	A
17	GB 51019—2014	《化工工程管架、管墩设计规范》	A
18	GB 51022—2015	《门式刚架轻型房屋钢结构技术规范》	A
19	GB 55001—2021	《工程结构通用规范》	A
20	GB 55002—2021	《建筑与市政工程抗震通用规范》	A
21	GB 55003—2021	《建筑与市政地基基础通用规范》	A
22	GB 55004—2021	《组合结构通用规范》	A
23	GB 55006—2021	《钢结构通用规范》	A
24	GB 55007—2021	《砌体结构通用规范》	A

（续表）

序号	标准号	名称	执行级别
25	GB 55008—2021	《混凝土结构通用规范》	A
26	GB/T 11263—2017	《热轧 H 型钢和部分 T 型钢》	B
27	GB/T 1591—2018	《低合金高强度结构钢》	B
28	GB/T 324—2008	《焊缝符号表示法》	B
29	GB/T 706—2016	《热轧型钢》	B
30	GB/T 50476—2019	《混凝土结构耐久性设计标准》	B
31	JGJ 107—2016	《钢筋机械连接技术规程》	B
32	JGJ 7—2010	《空间网格结构技术规程》	B
33	JGJ 82—2011	《钢结构高强度螺栓连接技术规程》	B
34	SH 3147—2014	《石油化工构筑物抗震设计规范》	A

2.1.6　建筑

序号	标准号	名称	执行级别
1	GB 50037—2013	《建筑地面设计规范》	A
2	GB 50222—2017	《建筑内部装修设计防火规范》	A
3	GB 50345—2012	《屋面工程技术规范》	A
4	GB 50352—2019	《民用建筑设计统一标准》	A
5	GB 50896—2013	《压型金属板工程应用技术规范》	A
6	GB 55037—2022	《建筑防火通用规范》	A
7	GB 55030—2022	《建筑与市政工程防水通用规范》	A
8	GB/T 51410—2020	《建筑防火封堵应用技术标准》	B
9	JGJ/T 235—2011	《建筑外墙防水工程技术规程》	B
10	JGJ/T 473—2019	《建筑金属围护系统工程技术标准》	B
11	JGJ/T 17—2020	《蒸压加气混凝土制品应用技术标准》	B

2.1.7 管道

序号	标准号	名称	执行级别
1	GB 50058—2014	《爆炸危险环境电力装置设计规范》	A
2	GB 50251—2015	《输气管道工程设计规范》	A
3	GB 50316—2000	《工业金属管道设计规范》(2008 年版)	A
4	GB/T 20801—2020	《压力管道规范 工业管道》	B
5	GB/T 4272—2024	《设备及管道绝热技术通则》	B
6	GB/T 8175—2008	《设备及管道绝热设计导则》	B
7	GB/T 17393—2008	《覆盖奥氏体不锈钢用绝热材料规范》	B
8	GB/T 51257—2017	《液化天然气低温管道设计规范》	B
9	GB/T 12221—2005	《金属阀门 结构长度》	B
10	GB/T 16693—1996	《软管快速接头》	B
11	GB/T 24925—2019	《低温阀门 技术条件》	B
12	GB/T 31032—2023	《钢质管道焊接及验收》	B
13	TSG D0001—2009	《压力管道安全技术监察规程——工业管道》	A
14	HG/T 20546—2009	《化工装置设备布置设计规定》	B
15	HG/T 20549—1998	《化工装置管道布置设计规定》	B
16	SH 3011—2011	《石油化工工艺装置布置设计规范》	A
17	SH 3012—2011	《石油化工金属管道布置设计规范》	A
18	SH/T 3041—2016	《石油化工管道柔性设计规范》	B
19	SH/T 3073—2016	《石油化工管道支吊架设计规范》	B
20	SH/T 3526—2015	《石油化工异种钢焊接规范》	B
21	SH/T 3554—2013	《石油化工钢制管道焊接热处理规范》	B
22	NB/T 47038—2019	《恒力弹簧支吊架》	B

（续表）

序号	标准号	名称	执行级别
23	NB/T 47039—2013	《可变弹簧支吊架》	B
24	TSG 07—2019	《特种设备生产和充装单位许可规则》	A
25	SH/T 3097—2017	《石油化工静电接地设计规范》	B
26	JB/T 7928—2014	《工业阀门 供货要求》	B
27	JB/T 12623—2016	《液化天然气用蝶阀》	B
28	JB/T 12624—2016	《液化天然气用截止阀、止回阀》	B
29	JB/T 12625—2016	《液化天然气用球阀》	B

2.1.8　机械

序号	标准号	名称	执行级别
1	GB 4053—2009	《固定式钢梯及平台安全要求》	A
2	GB 5656—2008	《离心泵技术条件(Ⅱ类)》	A
3	GB 12348—2008	《工业企业厂界环境噪声排放标准》	A
4	GB 18242—2008	《弹性体改性沥青防水卷材》	A
5	GB 50017—2017	《钢结构设计标准》	A
6	GB 50341—2014	《立式圆筒形钢制焊接油罐设计规范》	A
7	GB 50310—2002	《电梯工程施工质量验收规范》	A
8	GB 50661—2011	《钢结构焊接规范》	A
9	GB 6067.1—2010	《起重机械安全规程 第1部分：总则》	A
10	GB 8903—2024	《电梯用钢丝绳》	A
11	GB 12348—2008	《工业企业厂界环境噪声排放标准》	A
12	GB 12523—2011	《建筑施工场界环境噪声排放标准》	A

（续表）

序号	标准号	名称	执行级别
13	GB 3096—2008	《声环境质量标准》	A
14	GB 50205—2020	《钢结构工程施工质量验收标准》	A
15	GB/T 10058—2023	《电梯技术条件》	B
16	GB/T 12974—2014	《交流电梯电动机通用技术条件》	B
17	GB/T 3811—2008	《起重机设计规范》	B
18	GB/T 10294—2008	《绝热材料稳态热阻及有关特性的测定 防护热板法》	B
19	GB/T 10295—2008	《绝热材料稳态热阻及有关特性的测定 热流计法》	B
20	GB/T 11170—2008	《不锈钢 多元素含量的测定 火花放电原子发射光谱法(常规法)》	B
21	GB/T 13350—2017	《绝热用玻璃棉及其制品》	B
22	GB/T 14405—2011	《通用桥式起重机》	B
23	GB/T 27903—2011	《电梯层门耐火试验 完整性、隔热性和热通量测定法》	B
24	GB/T 50087—2013	《工业企业噪声控制设计规范》	B
25	GB/T 8706—2017	《钢丝绳 术语、标记和分类》	B
26	GBZ 1—2010	《工业企业设计卫生标准》	B
27	JB/T 8906—2014	《悬臂起重机》	B
28	JB/T 1306—2008	《电动单梁起重机》	B
29	JB/T 5897—2014	《防爆桥式起重机》	B
30	NB/T 47014—2023	《承压设备焊接工艺评定》	B
31	SHT 3561—2017	《液化天然气(LNG)储罐全容式钢制内罐组焊技术规范》	A
32	TSG T7001—2023	《电梯监督检验和定期检验规则》	A

2.1.9 电气

序号	标准号	名称	执行级别
1	GB 12158—2006	《防静电事故通用导则》	A
2	GB 50034—2024	《建筑照明设计标准》	A
3	GB 50052—2009	《供配电系统设计规范》	A
4	GB 50054—2011	《低压配电设计规范》	A
5	GB 50055—2011	《通用用电设备配电设计规范》	A
6	GB 50057—2010	《建筑物防雷设计规范》	A
7	GB 50058—2014	《爆炸危险环境电力装置设计规范》	A
8	GB 50217—2018	《电力工程电缆设计标准》	A
9	GB 50260—2013	《电力设施抗震设计规范》	A
10	GB/T 3836.1—2021	《爆炸性环境 第1部分：设备 通用要求》	B
11	GB 3836.14—2014	《爆炸性环境第14部分：场所分类 爆炸性气体环境》	A
12	GB/T 3836.15—2017	《爆炸性环境第15部分：电气装置的设计、选型和安装》	B
13	GB 50582—2010	《室外作业场地照明设计标准》	A
14	GB 50650—2011	《石油化工装置防雷设计规范》(2022版)	A
15	GB/T 4208—2017	《外壳防护等级(IP代码)》	B
16	GB/T 50065—2011	《交流电气装置的接地设计规范》	B
17	GB/T 12325—2008	《电能质量 供电电压偏差》	B
18	GB/T 12326—2008	《电能质量 电压波动和闪变》	B
19	AQ3009—2007	《危险场所电气防爆安全规范》	B
20	CECS 106—2000	《铝合金电缆桥架技术规程》	A
21	DL/T 5222—2021	《导体和电器选择设计规程》	A
22	T/CECS 31—2017	《钢制电缆桥架工程技术规程》	A
23	SH/T 3038—2017	《石油化工装置电力设计规范》	B

2.1.10 仪表

序号	标准号	名称	执行级别
1	GB 3836.2—2021	《爆炸性环境 第2部分：由隔爆外壳“d”保护的设备》	A
2	GB 3836.3—2021	《爆炸性环境 第3部分：由增安型“e”保护的设备》	A
3	GB 3836.4—2021	《爆炸性环境 第4部分：由本质安全型“i”保护的设备》	A
4	GB 50058—2014	《爆炸危险环境电力装置设计规范》	A
5	GB 50093—2013	《自动化仪表工程施工及质量验收规范》	A
6	GB 50116—2013	《火灾自动报警系统设计规范》	A
7	GB 50316—2000	《工业金属管道设计规范》(2008年版)	A
8	GB 50493—2019	《石油化工可燃气体和有毒气体检测报警设计标准》	A
9	GB/T 17650.1—2021	《取自电缆或光缆的材料燃烧时释出气体的试验方法 第1部分：卤酸气体总量的测定》	B
10	GB/T 18603—2023	《天然气计量系统技术要求》	B
11	GB/T 18604—2023	《用气体超声波流量计测量天然气流量》	B
12	GB/T 19666—2019	《阻燃和耐火电线电缆或光缆通则》	B
13	GB/T 22724—2022	《液化天然气设备与安装 陆上装置设计》	B
14	GB/T 23639—2017	《节能耐腐蚀钢制电缆桥架》	B
15	GB/T 30818—2014	《石油和天然气工业管线输送系统用全焊接球阀》	B
16	GB/T 3956—2008	《电缆的导体》	B
17	GB/T 4208—2017	《外壳防护等级(IP代码)》	B
18	GB/T 50770—2013	《石油化工安全仪表系统设计规范》	B
19	GB/T 6995—2008	《电线电缆识别标志方法》	B
20	GB/T 9330—2020	《塑料绝缘控制电缆》	B
21	CECS 106—2000	《铝合金电缆桥架技术规程》	B
22	JB/T 6743—2013	《户内户外钢制电缆桥架防腐环境技术要求》	B
23	JB/T 8137—2013	《电线电缆交货盘》	B

（续表）

序号	标准号	名称	执行级别
24	JB/T 10216—2013	《电控配电用电缆桥架》	B
25	JB/T 10696.7—2007	《电线电缆机械和理化性能试验方法 第7部分：抗撕试验》	B
26	HG/T 20505—2014	《过程测量与控制仪表的功能标志及图形符号》	B
27	HG/T 20507—2014	《自动化仪表选型设计规范》	B
28	HG/T 20508—2014	《控制室设计规范》	B
29	HG/T 20509—2014	《仪表供电设计规范》	B
30	HG/T 20510—2014	《仪表供气设计规范》	B
31	HG/T 20511—2014	《信号报警及联锁系统设计规范》	B
32	HG/T 20512—2014	《仪表配管配线设计规范》	B
33	HG/T 20513—2014	《仪表系统接地设计规范》	B
34	HG/T 20514—2014	《仪表及管线伴热和绝热保温设计规范》	B
35	HG/T 20515—2014	《仪表隔离和吹洗设计规范》	B
36	HG/T 20516—2014	《自动分析器室设计规范》	B
37	HG/T 20573—2012	《分散型控制系统工程设计规范》	B
38	HG/T 20637.2—2017	《化工装置自控专业工程设计文件的编制规范 自控专业工程设计用图形符号和文字代号》	B
39	HG/T 20699—2014	《自控设计常用名词术语》	B
40	HG/T 21581—2012	《自控安装图册(上下册)》	B
41	SH/T 3005—2016	《石油化工自动化仪表选型设计规范》	B
42	SH/T 3020—2013	《石油化工仪表供气设计规范》	B
43	SH/T 3082—2019	《石油化工仪表供电设计规范》	B
44	SH/T 3164—2021	《石油化工仪表系统防雷设计规范》	B
45	SH/T 3174—2013	《石油化工在线分析仪系统设计规范》	B
46	SH/T 3104—2013	《石油化工仪表安装设计规范》	B

（续表）

序号	标准号	名称	执行级别
47	SH/T 3019—2016	《石油化工仪表管道线路设计规范》	B
48	SH/T 3081—2019	《石油化工仪表接地设计规范》	B
49	TICW/06—2009	《计算机与仪表电缆》	B

2.1.11 通信

序号	标准号	名称	执行级别
1	GB 50395—2007	《视频安防监控系统工程设计规范》	A
2	GB 50116—2013	《火灾自动报警系统设计规范》	A
3	GB 50689—2011	《通信局(站)防雷与接地工程设计规范》	A
4	GB 50115—2019	《工业电视系统工程设计标准》	A
5	GB 50189—2015	《公共建筑节能设计标准》	A
6	GB 50217—2018	《电力工程电缆设计标准》	A
7	GB 50343—2012	《建筑物电子信息系统防雷技术规范》	A
8	GB 50311—2016	《综合布线系统工程设计规范》	A
9	GB 50348—2018	《安全防范工程技术标准》	A
10	GB 50373—2019	《通信管道与通道工程设计标准》	A
11	GB 50396—2007	《出入口控制系统工程设计规范》	A
12	GB 50611—2010	《电子工程防静电设计规范》	A
13	GB 50464—2008	《视频显示系统工程技术规范》	A
14	GB 50058—2014	《爆炸危险环境电力装置设计规范》	A
15	GB 50160—2008	《石油化工企业设计防火标准》(2018 版)	A
16	GB 50394—2007	《入侵报警系统工程设计规范》	A
17	GB 51158—2015	《通信线路工程设计规范》	A

（续表）

序号	标准号	名称	执行级别
18	GB/T 5441—2016	《通信电缆试验方法》	A
19	GB 55029—2022	《安全防范工程通用规范》	A
20	GB 4715—2024	《点型感烟火灾探测器》	A
21	GB 4716—2005	《点型感温火灾探测器》	A
22	GB 4717—2005	《火灾报警控制器》	A
23	GB 16806—2006	《消防联动控制系统》	A
24	GB 17429—2011	《火灾显示盘》	A
25	GB 19880—2005	《手动火灾报警按钮》	A
26	GB 25506—2010	《消防控制室通用技术要求》	A
27	GB 50635—2010	《会议电视会场系统工程设计规范》	A
28	GB 50526—2021	《公共广播系统工程技术标准》	A
29	GB/T 50622—2010	《用户电话交换系统工程设计规范》	B
30	GB/T 50525—2010	《视频显示系统工程测量规范》	B
31	GB/T 50609—2010	《石油化工工厂信息系统设计规范》	B
32	GB/T 50980—2014	《电力调度通信中心工程设计规范》	B

2.1.12　消防给排水

序号	标准号	名称	执行级别
1	GB 50974—2014	《消防给水及消火栓系统技术规范》	A
2	GB 50151—2021	《泡沫灭火系统设计标准》	A
3	GB 50219—2014	《水喷雾灭火系统设计规范》	A
4	GB 50013—2018	《室外给水设计标准》	A

（续表）

序号	标准号	名称	执行级别
5	GB 50014—2021	《室外排水设计标准》	A
6	GB 50116—2013	《火灾自动报警系统设计规范》	A
7	GB 50151—2021	《泡沫灭火系统技术标准》	A
8	GB 50338—2003	《固定消防炮灭火系统设计规范》	A
9	GB 8978—1996	《污水综合排放标准》	A
10	GB/T 18920—2020	《城市污水再生利用 城市杂用水水质》	B
11	GB/T 19923—2005	《城市污水再利用 工业用水水质》	B
12	GB/T 50265—2022	《泵站设计标准》	B
13	CJJ 101—2016	《埋地塑料给水管道工程技术规程》	A
14	CECS 164—2004	《埋地聚乙烯排水管管道工程技术规程》	A
15	CECS 129—2001	《埋地给水排水玻璃纤维增强热固性树脂夹砂管管道工程施工及验收规程》	A
16	CECS 386—2014	《外储压七氟丙烷灭火系统技术规程》	A
17	JC/T 552—2011	《纤维缠绕增强热固性树脂压力管》	B
18	SH/T 3015—2019	《石油化工给水排水系统设计规范》	A
19	SH/T 3099—2021	《石油化工给水排水水质标准》	A
20	SH 3034—2012	《石油化工给水排水管道设计规范》	A

2.1.13 安全

序号	标准号	名称	执行级别
1	GB 2893—2008	《安全色》	A
2	GB 2894—2008	《安全标志及其使用导则》	A
3	GB 13495.1—2015	《消防安全标志 第1部分：标志》	A

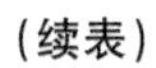

（续表）

序号	标准号	名称	执行级别
4	GB 15630—1995	《消防安全标志设置要求》	A
5	GB 39800.1—2020	《个体防护装备配备规范 第1部分：总则》	A
6	GB 39800.2—2020	《个体防护装备配备规范 第2部分：石油、化工、天然气》	A
7	GB 18218—2018	《危险化学品重大危险源辨识》	A
8	GB 36894—2018	《危险化学品生产装置和储存设施风险基准》	A
9	GB 5083—2023	《生产设备安全卫生设计总则》	A
10	GB/T 37243—2019	《危险化学品生产装置和储存设施外部安全防护距离确定方法》	B
11	GB/T 12903—2008	《个体防护装备术语》	B
12	GB/T 26443—2010	《安全色和安全标志 安全标志的分类、性能和耐久性》	B
13	GB/T 35320—2017	《危险与可操作性分析(HAZOP分析)应用指南》	B
14	GB/T 50087—2013	《工业企业噪声控制设计规范》	A
15	GB 39800.1—2020	《个体防护装备配备规范 第1部分：总则》	B
16	GBZ 1—2010	《工业企业设计卫生标准》	A
17	GBZ 2.1—2019	《工作场所有害因素职业接触限值 第1部分：化学有害因素》	A
18	GBZ 2.2—2007	《工作场所有害因素职业接触限值 第2部分：物理因素》	A
19	GBZ 158—2003	《工作场所职业病危害警示标识》	A
20	GBZ 230—2010	《职业性接触毒物危害程度分级》	B
21	AQ 3035—2010	《危险化学品重大危险源安全监控通用技术规范》	A
22	AQ 3009—2007	《危险场所电气防爆安全规范》	A
23	AQ 3047—2013	《化学品作业场所安全警示标志规范》	B

（续表）

序号	标准号	名称	执行级别
24	AQ 3036—2010	《危险化学品重大危险源 罐区现场安全监控装备设置规范》	A
25	AQ/T 3046—2013	《化工企业定量风险评价导则》	B
26	AQ/T 3033—2022	《化工建设项目安全设计管理导则》	B
27	AQ/T 3049—2013	《危险与可操作性分析(HAZOP 分析)应用导则》	B
28	AQ/T 3054—2015	《保护层分析(LOPA)方法应用导则》	B

2.1.14 防腐

序号	标准号	名称	执行级别
1	GB 50726—2023	《工业设备及管道防腐蚀工程技术标准》	A
2	GB 6514—2023	《涂装作业安全规程 涂漆工艺安全及其通风》	A
3	GB 14907—2018	《钢结构防火涂料》	A
4	GB/T 13452.2—2008	《色漆和清漆 漆膜厚度的测定》	A
5	GB 7231—2003	《工业管道的基本识别色、识别符号和安全标识》	A
6	GB/T 23257—2017	《埋地钢质管道聚乙烯防腐层》	B
7	GB/T 30790—2014	《色漆和清漆 防护涂料体系对钢结构的防腐蚀保护》	B
8	GB/T 50538—2020	《埋地钢质管道防腐保温层技术标准》	A
9	HG/T 20679—2014	《化工设备、管道外防腐设计规范》	B
10	SH/T 3022—2019	《石油化工设备和管道涂料防腐蚀设计标准》	B
11	SH/T 3606—2011	《石油化工涂料防腐蚀工程施工技术规程》	B
12	SH/T 3548—2024	《石油化工涂料防腐蚀工程施工及验收规范》	B
13	SH/T 3043—2014	《石油化工设备管道钢结构表面色和标志规定》	B
14	SY/T 7036—2016	《石油天然气站场管道及设备外防腐层技术规范》	B

2.2　施工标准

2.2.1　通用标准

序号	标准号	名称	执行级别
1	GB/T 20368—2021	《液化天然气(LNG)生产、储存和装运》	B
2	GB/T 26978—2021	《现场组装立式圆筒平底钢质低温液化气储罐的设计与建造》	B
3	GB/T 22724—2022	《液化天然气设备与安装 陆上装置设计》	B
4	HG/T 20277—2019	《化工储罐施工及验收规范》	B
5	SH/T 3530—2011	《石油化工立式圆筒形钢制储罐施工技术规程》	B
6	SH/T 3537—2016	《立式圆筒形式低温储罐施工技术规程》	B
7	SH/T 3560—2017	《石油化工立式圆筒形低温储罐施工质量验收规范》	B
8	SY/T 0608—2014	《大型焊接低压储罐的设计与建造》	B

2.2.2　总图运输

序号	标准号	名称	执行级别
1	GB 50201—2014	《防洪标准》	B
2	GBJ 97—1987	《水泥混凝土路面施工及验收规范》	B

2.2.3　工艺

序号	标准号	名称	执行级别
1	GB/T 12241—2021	《安全阀 一般要求》	B
2	GB/T 20801—2020	《压力管道规范 工业管道》	B
3	TSG 21—2016	《固定式压力容器安全技术监察规程》	A
4	TSG ZF001—2006	《安全阀安全技术监察规程》	A

2.2.4 土建

序号	标准号	名称	执行级别
1	GB/T 50107—2010	《混凝土强度检验评定标准》	A
2	GB 50108—2008	《地下工程防水技术规范》	A
3	GB 50119—2013	《混凝土外加剂应用技术规范》	A
4	GB 50164—2011	《混凝土质量控制标准》	A
5	GB 50496—2018	《大体积混凝土施工标准》	A
6	GB 50666—2011	《混凝土结构工程施工规范》	A
7	GB 50924—2014	《砌体结构工程施工规范》	A
8	GB 51004—2015	《建筑地基基础工程施工规范》	A
9	GB 51028—2015	《大体积混凝土温度测控技术规范》	A
10	GB 51249—2017	《建筑钢结构防火技术规范》	A
11	GB 8076—2008	《混凝土外加剂》	A
12	GB/T 14902—2012	《预拌混凝土》	B
13	GB/T 15831—2023	《钢管脚手架扣件》	B
14	GB/T 1596—2017	《用于水泥和混凝土中的粉煤灰》	B
15	GB/T 17671—2021	《水泥胶砂强度检验方法(ISO 法)》	B
16	GB/T 18046—2017	《用于水泥、砂浆和混凝土中的粒化高炉矿渣粉》	B
17	GB/T 25181—2019	《预拌砂浆》	B
18	GB/T 25182—2010	《预应力孔道灌浆剂》	B
19	GB/T 50080—2016	《普通混凝土拌合物性能试验方法标准》	B
20	GB/T 50081—2019	《混凝土物理力学性能试验方法标准》	B
21	GB/T 50152—2012	《混凝土结构试验方法标准》	B
22	GB/T 50905—2014	《建筑工程绿色施工规范》	B

（续表）

序号	标准号	名称	执行级别
23	GB/T 5224—2023	《预应力混凝土用钢绞丝》	B
24	GB/T 709—2019	《热轧钢板和钢带的尺寸、外形、重量及允许偏差》	B
25	JC/T 901—2002	《水泥混凝土养护剂》	A
26	JGJ 106—2014	《建筑基桩检测技术规范》	A
27	JGJ 107—2016	《钢筋机械连接技术规程》	A
28	JGJ 145—2013	《混凝土结构后锚固技术规程》	A
29	JGJ 18—2012	《钢筋焊接及验收规程》	A
30	JGJ 360—2015	《建筑隔震工程施工及验收规范》	A
31	JGJ 476—2019	《建筑工程抗浮技术标准》	A
32	JGJ 52—2006	《普通混凝土用砂、石质量及检验方法标准》	A
33	JGJ 63—2006	《混凝土用水标准》	A
34	JGJ 79—2012	《建筑地基处理技术规范》	A
35	JGJ 82—2011	《钢结构高强度螺栓连接技术规程》	A
36	JGJ 94—2008	《建筑桩基技术规范》	A
37	JGJ/T 10—2011	《混凝土泵送施工技术规程》	B
38	JGJ/T 178—2009	《补偿收缩混凝土应用技术规程》	B
39	JGJ/T 187—2019	《塔式起重机混凝土基础工程技术标准》	B
40	JGJ/T 188—2009	《施工现场临时建筑物技术规范》	B
41	JGJ/T 225—2010	《大直径扩底灌注桩技术规程》	B
42	JGJ/T 231—2021	《建筑施工承插型盘扣式钢管脚手架安全技术标准》	B
43	JGJ/T 241—2011	《人工砂混凝土应用技术规程》	B
44	JGJ/T 317—2014	《建筑工程裂缝防治技术规程》	B
45	JGJ/T 74—2017	《建筑工程大模板技术标准》	B

（续表）

序号	标准号	名称	执行级别
46	SH/T 3564—2017	《全容式低温储罐混凝土外罐施工及验收规范》	B
47	T/CECS 592—2019	《钻孔灌注桩施工技术标准》	B

2.2.5 结构

序号	标准号	名称	执行级别
1	GB 50209—2010	《建筑地面工程施工质量验收规范》	A
2	GB 50300—2013	《建筑工程施工质量验收统一标准》	A
3	GB 50661—2011	《钢结构焊接规范》	A
4	GB 51022—2015	《门式刚架轻型房屋钢结构技术规范》	A
5	GB 55004—2021	《组合结构通用规范》	A
6	GB 55006—2021	《钢结构通用规范》	A
7	GB 55007—2021	《砌体结构通用规范》	A
8	GB 55008—2021	《混凝土结构通用规范》	A
9	JGJ 18—2012	《钢筋焊接及验收规程》	B

2.2.6 建筑

序号	标准号	名称	执行级别
1	GB 50345—2012	《屋面工程技术规范》	A
2	GB 50896—2013	《压型金属板工程应用技术规范》	A
3	GB 55037—2022	《建筑防火通用规范》	A
4	GB/T 51410—2020	《建筑防火封堵应用技术标准》	B
5	JGJ/T 235—2011	《建筑外墙防水工程技术规程》	B
6	JGJ/T 17—2020	《蒸压加气混凝土制品应用技术标准》	B

2.2.7 管道

序号	标准号	名称	执行级别
1	GB 50126—2008	《工业设备及管道绝热工程施工规范》	A
2	GB 50185—2019	《工业设备及管道绝热工程质量验收标准》	A
3	GB 50235—2010	《工业金属管道工程施工规范》	A
4	GB 50236—2011	《现场设备、工业管道焊接工程施工规范》	A
5	GB 50369—2014	《油气长输管道工程施工及验收规范》	A
6	GB 50683—2011	《现场设备、工业管道焊接工程施工质量验收规范》	A
7	GB/T 4272—2008	《设备及管道绝热技术通则》	B
8	GB/T 31032—2014	《钢质管道焊接及验收》	B
9	SH 3501—2021	《石油化工有毒、可燃介质钢制管道工程施工及验收规范》	A
10	SH/T 3613—2013	《石油化工非金属管道工程施工技术规程》	B

2.2.8 机械

序号	标准号	名称	执行级别
1	GB 50128—2014	《立式圆筒形钢制焊接储罐施工规范》	A
2	GB 50661—2011	《钢结构焊接规范》	A
3	GB 6067.1—2010	《起重机械安全规程 第1部分：总则》	A
4	GB 50236—2011	《现场设备、工业管道焊接工程施工规范》	A
5	GB 50683—2011	《现场设备、工业管道焊接工程施工质量验收规范》	A
6	GB/T 10060—2023	《电梯安装验收规范》	A
7	SHT 3561—2017	《液化天然气(LNG)储罐全容式钢制内罐组焊技术规范》	A
8	TSG 07—2019	《特种设备生产和充装单位许可规则》(2024最新版)	B

2.2.9 电气

序号	标准号	名称	执行级别
1	GB 50150—2016	《电气装置安装工程 电气设备交接试验标准》	A
2	GB 50168—2018	《电气装置安装工程 电缆线路施工及验收标准》	A
3	GB 50169—2016	《电气装置安装工程 接地装置施工及验收规范》	A
4	GB 50170—2018	《电气装置安装工程 旋转电机施工及验收标准》	A
5	GB/T 3836.15—2017	《爆炸性环境第 15 部分：电气装置的设计、选型和安装》	B
6	GB 50582—2010	《室外作业场地照明设计标准》	A
7	AQ3009—2007	《危险场所电气防爆安全规范》	B
8	CECS 106—2000	《铝合金电缆桥架技术规程》	A
9	T/CECS 31—2017	《钢制电缆桥架工程技术规程》	A

2.2.10 仪表

序号	标准号	名称	执行级别
1	GB 50093—2013	《自动化仪表工程施工及质量验收规范》	A
2	GB 50166—2019	《火灾自动报警系统施工及验收标准》	A
3	GB/T 13283—2008	《工业过程测量和控制用检测仪表和显示仪表精确度等级》	B
4	GB/T 23639—2009	《节能耐腐蚀钢制电缆桥架》	B
5	GB/T 2624—2006	《用安装在圆形截面管道中的差压装置测量满管流体流量》	B
6	GB/T 4208—2017	《外壳防护等级(IP 代码)》	B
7	GB/T 6995—2008	《电线电缆识别标志方法》	B
8	GB/T 9330—2020	《塑料绝缘控制电缆》	B

（续表）

序号	标准号	名称	执行级别
9	CECS 106—2000	《铝合金电缆桥架技术规程》	B
10	JB/T 6743—2013	《户内户外钢制电缆桥架防腐环境技术要求》	B
11	JB/T 8137—2013	《电线电缆交货盘》	B
12	JB/T 10216—2013	《电控配电用电缆桥架》	B
13	HG/T 20505—2014	《过程测量与控制仪表的功能标志及图形符号》	B
14	HG/T 20512—2014	《仪表配管配线设计规范》	B
15	HG/T 20513—2014	《仪表系统接地设计规范》	B
16	HG/T 20514—2014	《仪表及管线伴热和绝热保温设计规范》	B
17	HG/T 20515—2014	《仪表隔离和吹洗设计规范》	B
18	HG/T 20637.2—2017	《化工装置自控专业工程设计文件的编制规范 自控专业工程设计用图形符号和文字代号》	B
19	HG/T 20699—2014	《自控设计常用名词术语》	B
20	HG/T 21581—2012	《自控安装图册(上下册)》	B
21	SH/T 3104—2013	《石油化工仪表安装设计规范》	B
22	SH/T 3019—2016	《石油化工仪表管道线路设计规范》	B
23	SH/T 3081—2019	《石油化工仪表接地设计规范》	B
24	T/CECS 31—2017	《钢制电缆桥架工程技术规程》	B
25	TICW/06—2009	《计算机与仪表电缆》	B

2.2.11　通信

序号	标准号	名称	执行级别
1	GB 50395—2007	《视频安防监控系统工程设计规范》	A
2	GB 50689—2011	《通信局(站)防雷与接地工程设计规范》	A
3	GB 50115—2019	《工业电视系统工程设计标准》	A

（续表）

序号	标准号	名称	执行级别
4	GB 50166—2019	《火灾自动报警系统施工及验收标准》	A
5	GB 50311—2016	《综合布线系统工程设计规范》	A
6	GB 50348—2018	《安全防范工程技术标准》	A
7	GB 50611—2010	《电子工程防静电设计规范》	A
8	GB 50949—2013	《扩声系统工程施工规范》	A
9	GB 25506—2010	《消防控制室通用技术要求》	A
10	GB 50635—2010	《会议电视会场系统工程设计规范》	A
11	GB/T 50622—2010	《用户电话交换系统工程设计规范》	B
12	GB/T 50525—2010	《视频显示系统工程测量规范》	B
13	GB/T 50526—2021	《公共广播系统工程技术标准》	B
14	GB/T 50609—2010	《石油化工工厂信息系统设计规范》	B
15	YD 5007—2003	《通信管道与通道工程设计规范》	B

2.2.12 消防给排水

序号	标准号	名称	执行级别
1	GB 50151—2021	《泡沫灭火系统技术标准》	A
2	GB 50166—2019	《火灾自动报警系统施工及验收规范》	A
3	GB 50141—2008	《给水排水构筑物工程施工及验收规范》	A
4	GB 50235—2010	《工业金属管道工程施工规范》	A
5	GB 50338—2003	《固定消防炮灭火系统设计规范》	A
6	GB 50498—2009	《固定消防炮灭火系统施工与验收规范》	A
7	CJJ 101—2016	《埋地塑料给水管道工程技术规程》	A
8	CECS 164—2004	《埋地聚乙烯排水管管道工程技术规程》	A

2.2.13 安全

序号	标准号	名称	执行级别
1	AQ 3009—2007	《危险场所电气防爆安全规范》	A
2	AQ 3036—2010	《危险化学品重大危险源 罐区现场安全监控装备设置规范》	A

2.2.14 防腐

序号	标准号	名称	执行级别
1	GB 50726—2023	《工业设备及管道防腐蚀工程技术标准》	A
2	GB 6514—2023	《涂装作业安全规程 涂漆工艺安全及其通风》	A
3	GB 7231—2003	《工业管道的基本识别色、识别符号和安全标识》	A
4	GB/T 50538—2020	《埋地钢质管道防腐保温层技术标准》	A
5	HG/T 20679—2014	《化工设备、管道外防腐设计规范》	B
6	SH/T 3606—2011	《石油化工涂料防腐蚀工程施工技术规程》	B
7	SH/T 3548—2011	《石油化工涂料防腐蚀工程施工质量验收规范》	B
8	SH/T 3043—2014	《石油化工设备管道钢结构表面色和标志规定》	B
9	SY/T 7036—2016	《石油天然气站场管道及设备外防腐层技术规范》	B

2.3 验收标准

2.3.1 通用标准

序号	标准号	名称	执行级别
1	HG/T 20277—2019	《化工储罐施工及验收规范》	B
2	SH/T 3560—2017	《石油化工立式圆筒形低温储罐施工质量验收规范》	B
3	SY 4202—2019	《石油天然气建设工程施工质量验收规范 储罐工程》	A

2.3.2 总图运输

序号	标准号	名称	执行级别
1	GB 50201—2014	《防洪标准》	B
2	GBJ 97—1987	《水泥混凝土路面施工及验收规范》	B

2.3.3 工艺

序号	标准号	名称	执行级别
1	GB 150—2011	《压力容器》	A
2	GB/T 12241—2021	《安全阀 一般要求》	B
3	GB/T 12242—2021	《压力释放装置 性能试验方法》	B
4	GB/T 12243—2005	《弹簧直接载荷式安全阀》	B
5	GB/T 20801—2020	《压力管道规范 工业管道》	B
6	TSG 21—2016	《固定式压力容器安全技术监察规程》	A
7	TSG ZF001—2006	《安全阀安全技术监察规程》	A
8	SY/T 7303—2016	《液化天然气管道低温氮气试验技术规程》	B

2.3.4　土建

序号	标准号	名称	执行级别
1	GB/T 50107—2010	《混凝土强度检验评定标准》	A
2	GB 50119—2013	《混凝土外加剂应用技术规范》	A
3	GB 50164—2011	《混凝土质量控制标准》	A
4	GB 50202—2018	《建筑地基基础工程施工质量验收标准》	A
5	GB 50203—2011	《砌体结构工程施工质量验收规范》	A
6	GB 50204—2015	《混凝土结构工程施工质量验收规范》	A
7	GB 50300—2013	《建筑工程施工质量验收统一标准	A
8	GB 51028—2015	《大体积混凝土温度测控技术规范》	A
9	GB 51249—2017	《建筑钢结构防火技术规范》	A
10	GB 8076—2008	《混凝土外加剂》	A
11	GB/T 1229—2006	《钢结构用高强度大六角螺母》	B
12	GB/T 12898—2009	《国家三、四等水准测量规范》	B
13	GB/T 14370—2015	《预应力筋用锚具、夹具和连接器》	B
14	GB/T 14684—2022	《建设用砂》	B
15	GB/T 14902—2012	《预拌混凝土》	B
16	GB/T 15831—2023	《钢管脚手架扣件》	B
17	GB/T 1596—2017	《用于水泥和混凝土中的粉煤灰》	B
18	GB/T 17671—2021	《水泥胶砂强度检验方法(ISO 法)》	B
19	GB/T 18046—2017	《用于水泥、砂浆和混凝土中的粒化高炉矿渣粉》	B
20	GB/T 228.1—2021	《金属材料 拉伸试验 第1部分:室温试验方法》	B
21	GB/T 228.3—2019	《金属材料 拉伸试验 第3部分:低温试验方法》	B
22	GB/T 24356—2023	《测绘成果质量检查与验收》	B
23	GB/T 25181—2019	《预拌砂浆》	B
24	GB/T 25182—2010	《预应力孔道灌浆剂》	B

（续表）

序号	标准号	名称	执行级别
25	GB/T 33365—2016	《钢筋混凝土用钢筋焊接网 试验方法》	B
26	GB/T 33803—2017	《钢筋混凝土阻锈剂耐蚀应用技术规范》	B
27	GB/T 3632—2008	《钢结构用扭剪型高强度螺栓连接副》	B
28	GB/T 40029—2021	《液化天然气储罐用预应力钢绞线》	B
29	GB/T 50080—2016	《普通混凝土拌合物性能试验方法标准》	B
30	GB/T 50081—2019	《混凝土物理力学性能试验方法标准》	B
31	GB/T 50152—2012	《混凝土结构试验方法标准》	B
32	GB/T 5224—2023	《预应力混凝土用钢绞丝》	B
33	GB/T 5780—2016	《六角头螺栓　C级》	B
34	GB/T 5782—2016	《六角头螺栓》	B
35	GB/T 709—2019	《热轧钢板和钢带的尺寸、外形、重量及允许偏差》	B
36	GB/T 1499.1—2024	《钢筋混凝土用钢 第1部分：热轧光圆钢筋》	B
37	GB/T 1499.2—2024	《 钢筋混凝土用钢 第2部分：热轧带肋钢筋》	B
38	JG/T 223—2007	《聚羧酸系高性能减水剂》	B
39	JG/T 225—2020	《预应力混凝土用金属波纹管》	B
40	JGJ 106—2014	《建筑基桩检测技术规范》	A
41	JGJ 145—2013	《混凝土结构后锚固技术规程》	A
42	JGJ 18—2012	《钢筋焊接及验收规程》	A
43	JGJ 190—2010	《建筑工程检测试验技术管理规范》	A
44	JGJ 360—2015	《建筑隔震工程施工及验收规范》	A
45	JGJ 52—2006	《普通混凝土用砂、石质量及检验方法标准》	A
46	JGJ 8—2016	《建筑变形测量规范》	A
47	JGJ 85—2010	《预应力筋用锚具、夹具和连接器应用技术规程》	A
48	JGJ/T 178—2009	《补偿收缩混凝土应用技术规程》	B
49	JGJ/T 187—2019	《塔式起重机混凝土基础工程技术标准》	B

（续表）

序号	标准号	名称	执行级别
50	JGJ/T 188—2009	《施工现场临时建筑物技术规范》	B
51	JGJ/T 193—2009	《混凝土耐久性检验评定标准》	B
52	JGJ/T 225—2010	《大直径扩底灌注桩技术规程》	B
53	JGJ/T 241—2011	《人工砂混凝土应用技术规程》	B
54	JGJ/T 27—2014	《钢筋焊接接头试验方法标准》	B
55	JGJ/T 408—2017	《建筑施工测量标准》	B
56	JGJ/T 74—2017	《建筑工程大模板技术标准》	B
57	JT/T 537—2018	《钢筋混凝土阻锈剂》	B
58	SH/T 3560—2017	《石油化工立式圆筒形低温储罐施工质量验收规范》	B
59	SH/T 3564—2017	《全容式低温储罐混凝土外罐施工及验收规范》	B
60	T/CECS 592—2019	《钻孔灌注桩施工技术标准》	B

2.3.5　结构

序号	标准号	名称	执行级别
1	GB 50300—2013	《建筑工程施工质量验收统一标准》	A
2	GB 8624—2012	《建筑材料及制品燃烧性能分级》	A
3	GB 50661—2011	《钢结构焊接规范》	A
4	GB 51022—2015	《门式刚架轻型房屋钢结构技术规程》	A
5	GB 55004—2021	《组合结构通用规范》	A
6	GB 55006—2021	《钢结构通用规范》	A
7	GB 55007—2021	《砌体结构通用规范》	A
8	GB 55008—2021	《混凝土结构通用规范》	A
9	GB/T 1591—2018	《低合金高强度结构钢》	B
10	GB/T 228.1—2010	《金属材料 拉伸试验 第1部分：室温试验方法》	B

（续表）

序号	标准号	名称	执行级别
11	GB/T 706—2016	《热轧型钢》	B
12	JGJ 106—2014	《建筑基桩检测技术规范》	B
13	JGJ 107—2016	《钢筋机械连接技术规程》	B
14	JGJ 18—2012	《钢筋焊接及验收规程》	B

2.3.6 建筑

序号	标准号	名称	执行级别
1	GB 50222—2017	《建筑内部装修设计防火规范》	A
2	GB 50896—2013	《压型金属板工程应用技术规范》	A
3	GB/T 51410—2020	《建筑防火封堵应用技术标准》	B
4	JGJ/T 235—2011	《建筑外墙防水工程技术规程》	B
5	JGJ/T 17—2020	《蒸压加气混凝土制品应用技术标准》	B

2.3.7 管道

序号	标准号	名称	执行级别
1	GB 50184—2011	《工业金属管道工程施工质量验收规范》	A
2	GB/T 50185—2019	《工业设备及管道绝热工程施工质量验收标准》	A
3	GB 50369—2014	《油气长输管道工程施工及验收规范》	A
4	GB/T 4272—2008	《设备及管道绝热技术通则》	B
5	GB/T 17393—2008	《覆盖奥氏体不锈钢用绝热材料规范》	B
6	GB/T 16693—1996	《软管快速接头》	B
7	GB/T 24925—2019	《低温阀门 技术条件》	B
8	GB/T 31032—2014	《钢质管道焊接及验收》	B

（续表）

序号	标准号	名称	执行级别
9	SH 3501—2021	《石油化工有毒、可燃介质钢制管道工程施工及验收规范》	A
10	SH/T 3545—2020	《石油化工管道工程无损检测标准》	B
11	TSG D7002—2023	《压力管道元件型式试验规则》	A
12	TSG D7006—2020	《压力管道监督检验规则》	A
13	SH 3518—2013	《石油化工阀门检验与管理规范》	A
14	SH/T 3097—2017	《石油化工静电接地设计规范》	B
15	JB/T 7928—2014	《工业阀门 供货要求》	B
16	JB/T 12623—2016	《液化天然气用蝶阀》	B
17	JB/T 12624—2016	《液化天然气用截止阀、止回阀》	B
18	JB/T 12625—2016	《液化天然气用球阀》	B

2.3.8　机械

序号	标准号	名称	执行级别
1	GB 12348—2008	《工业企业厂界环境噪声排放标准》	A
2	GB 50310—2002	《电梯工程施工质量验收规范》	A
3	GB 8903—2024	《电梯用钢丝绳》	A
4	GB 12523—2011	《建筑施工场界环境噪声排放标准》	A
5	GB 3096—2008	《声环境质量标准》	A
6	GB 50205—2020	《钢结构工程施工质量验收标准》	A
7	GB/T 10060—2023	《电梯安装验收规范》	B
8	GB/T 10294—2008	《绝热材料稳态热阻及有关特性的测定 防护热板法》	B
9	GB/T 10295—2008	《绝热材料稳态热阻及有关特性的测定 热流计法》	B

（续表）

序号	标准号	名称	执行级别
10	GB/T 11170—2008	《不锈钢 多元素含量的测定 火花放电原子发射光谱法（常规法）》	B
11	GB/T 13350—2017	《绝热用玻璃棉及其制品》	B
12	GB/T 14405—2011	《通用桥式起重机》	B
13	GB/T 150—2024	《压力容器》	B
14	GB/T 27903—2011	《电梯层门耐火试验 完整性、隔热性和热通量测定法》	B
15	GB/T 8706—2017	《钢丝绳 术语、标记和分类》	B
16	GBZ 1—2010	《工业企业设计卫生标准》	B
17	GB/T 18443—2010	《真空绝热深冷设备性能试验方法》	B
18	JB/T 1306—2024	《电动单梁起重机》	B
19	JB/T 5897—2014	《防爆桥式起重机》	B
20	NB/T 47014—2023	《承压设备焊接工艺评定》	B
21	NB/T 47003.1—2022	《常压容器 第1部分：钢制焊接常压容器》	B
22	TSG T7001—2023	《电梯监督检验和定期检验规则》	A
23	TSG T7007—2022	《电梯型式试验规则》	A
24	TSG 07—2019	《特种设备生产和充装单位许可规则》	B

2.3.9 电气

序号	标准号	名称	执行级别
1	GB 50034—2024	《建筑照明设计标准》	A
2	GB 50055—2011	《通用用电设备配电设计规范》	A
3	GB 50057—2010	《建筑物防雷设计规范》	A
4	GB 50217—2018	《电力工程电缆设计标准》	A

（续表）

序号	标准号	名称	执行级别
5	GB 50150—2016	《电气装置安装工程电气设备交接试验标准》	A
6	GB 50168—2018	《电气装置安装工程 电缆线路施工及验收标准》	A
7	GB 50169—2016	《电气装置安装工程 接地装置施工及验收规范》	A
8	GB 50170—2018	《电气装置安装工程 旋转电机施工及验收标准》	A
9	GB 55024—2022	《建筑电气与智能化通用规范》	A
10	GB/T 3836.1—2021	《爆炸性环境 第1部分：设备 通用要求》	B
11	GB 3836.14—2014	《爆炸性环境第14部分：场所分类 爆炸性气体环境》	A
12	GB/T 3836.15—2017	《爆炸性环境第15部分：电气装置的设计、选型和安装》	B
13	GB 50582—2010	《室外作业场地照明设计标准》	A
14	GB 50650—2011	《石油化工装置防雷设计规范》(2022年版)	A
15	GB/T 4208—2017	《外壳防护等级(IP代码)》	B
16	AQ 3009—2007	《危险场所电气防爆安全规范》	B
17	CECS 106—2000	《铝合金电缆桥架技术规程》	A
18	DL/T 5222—2021	《导体和电器选择设计规程》	A
19	T/CECS 31—2017	《钢制电缆桥架工程技术规程》	A

2.3.10 仪表

序号	标准号	名称	执行级别
1	GB/T 3836.2—2021	《爆炸性环境 第2部分：由隔爆外壳“d”保护的设备》	A
2	GB/T 3836.3—2021	《爆炸性环境 第3部分：由增安型“e”保护的设备》	A
3	GB 3836.4—2021	《爆炸性环境 第4部分：由本质安全型“i”保护的设备》	A
4	GB 50058—2014	《爆炸危险环境电力装置设计规范》	A

（续表）

序号	标准号	名称	执行级别
5	GB 50093—2013	《自动化仪表工程施工及质量验收规范》	A
6	GB 50166—2019	《火灾自动报警系统施工及验收标准》	A
7	GB 50493—2019	《石油化工可燃气体和有毒气体检测报警设计标准》	A
8	GB/T 13283—2008	《工业过程测量和控制用检测仪表和显示仪表精确度等级》	B
9	GB/T 17650.1—2021	《取自电缆或光缆的材料燃烧时释出气体的试验方法 第1部分：卤酸气体总量的测定》	B
10	GB/T 17650.2—2021	《取自电缆或光缆的材料燃烧时释出气体的试验方法 第2部分：酸度(用pH测量)和电导率的测定》	B
11	GB/T 18603—2023	《天然气计量系统技术要求》	B
12	GB/T 19216.21—2003	《在火焰条件下电缆或光缆的线路完整性试验 第21部分：实验步骤和要求 额定电压0.6/1.0 kV及以下电缆》	B
13	GB/T 19666—2019	《阻燃和耐火电线电缆或光缆通则》	B
14	GB/T 23639—2009	《节能耐腐蚀钢制电缆桥架》	B
15	GB/T 2624—2006	《用安装在圆形截面管道中的差压装置测量满管流体流量》	B
16	GB/T 2951—2008	《电缆和光缆绝缘和护套材料通用试验方法》	B
17	GB/T 2952—2008	《电缆外护层》	B
18	GB/T 3048—2007	《电线电缆电性能试验方法》	B
19	GB/T 3956—2008	《电缆的导体》	B
20	GB/T 4208—2017	《外壳防护等级(IP代码)》	B
21	GB/T 50770—2013	《石油化工安全仪表系统设计规范》	B
22	GB/T 6995—2008	《电线电缆识别标志方法》	B
23	CECS 106—2000	《铝合金电缆桥架技术规程》	B
24	JB/T 6743—2013	《户内户外钢制电缆桥架防腐环境技术要求》	B
25	JB/T 8137—2013	《电线电缆交货盘》	B

（续表）

序号	标准号	名称	执行级别
26	JB/T 10216—2013	《电控配电用电缆桥架》	B
27	JB/T 10696.7—2007	《电线电缆机械和理化性能试验方法 第7部分：抗撕试验》	B
28	HG/T 20505—2014	《过程测量与控制仪表的功能标志及图形符号》	B
29	HG/T 20509—2014	《仪表供电设计规范》	B
30	HG/T 20510—2014	《仪表供气设计规范》	B
31	HG/T 20511—2014	《信号报警及联锁系统设计规范》	B
32	HG/T 20512—2014	《仪表配管配线设计规范》	B
33	HG/T 20513—2014	《仪表系统接地设计规范》	B
34	HG/T 20514—2014	《仪表及管线伴热和绝热保温设计规范》	B
35	HG/T 20637.2—2017	《化工装置自控专业工程设计文件的编制规范 自控专业工程设计用图形符号和文字代号》	B
36	HG/T 20699—2014	《自控设计常用名词术语》	B
37	HG/T 21581—2012	《自控安装图册(上下册)》	B
38	SH/T 3104—2013	《石油化工仪表安装设计规范》	B
39	SH/T 3019—2016	《石油化工仪表管道线路设计规范》	B
40	SH/T 3081—2019	《石油化工仪表接地设计规范》	B
41	T/CECS 31—2017	《钢制电缆桥架工程技术规程》	B
42	TICW/06—2009	《计算机与仪表电缆》	B

2.3.11　通信

序号	标准号	名称	执行级别
1	GB 16796—2022	《安全防范报警设备 安全要求和试验方法》	A
2	GB 50689—2011	《通信局(站)防雷与接地工程设计规范》	A

（续表）

序号	标准号	名称	执行级别
3	GB/T 50115—2009	《工业电视系统工程设计标准》	A
4	GB 50166—2019	《火灾自动报警系统施工及验收标准》	A
5	GB 50189—2015	《公共建筑节能设计标准》	A
6	GB 50343—2012	《建筑物电子信息系统防雷技术规范》	A
7	GB 50311—2016	《综合布线系统工程设计规范》	A
8	GB 50348—2018	《安全防范工程技术标准》	A
9	GB 50611—2010	《电子工程防静电设计规范》	A
10	GB 50949—2013	《扩声系统工程施工规范》	A
11	GB 50058—2014	《爆炸危险环境电力装置设计规范》	A
12	GB 50160—2008	《石油化工企业设计防火标准》(2018 年版)	A
13	GB 50394—2007	《入侵报警系统工程设计规范》	A
14	GB 5441—2016	《通信电缆试验方法》	A
15	GB 55029—2022	《安全防范工程通用规范》	A
16	GB 25506—2010	《消防控制室通用技术要求》	A
17	GB/T 50622—2010	《用户电话交换系统工程设计规范》	B
18	GB/T 50525—2010	《视频显示系统工程测量规范》	B
19	GB/T 50526—2021	《公共广播系统工程技术标准》	B
20	GB/T 50609—2010	《石油化工工厂信息系统设计规范》	B
21	GB/T 50980—2014	《电力调度通信中心工程设计规范》	A
22	SH/T 3521—2013	《石油化工建设工程施工安全技术规范》	B
23	SY/T 4121—2018	《基于光纤传感的管道安全预警系统设计及施工规范》	B
24	SY/T 6827—2020	《油气管道安全预警系统技术规范》	B
25	YD 5007—2003	《通信管道与通道工程设计规范》	B

2.3.12　消防给排水

序号	标准号	名称	执行级别
1	GB 50151—2021	《泡沫灭火系统技术标准》	A
2	GB 50219—2014	《水喷雾灭火系统设计规范》	A
3	GB 50166—2019	《火灾自动报警系统施工及验收标准》	A
4	GB 50184—2011	《工业金属管道工程施工质量验收规范》	A
5	GB 50268—2008	《给水排水管道工程施工及验收规范》	A
6	GB 50338—2003	《固定消防炮灭火系统设计规范》	A
7	GB 50498—2009	《固定消防炮灭火系统施工与验收规范》	A
8	GB 50974—2014	《消防给水及消火栓系统技术规范》	A
9	CJJ 101—2016	《埋地塑料给水管道工程技术规程》	A
10	CECS 164—2004	《埋地聚乙烯排水管管道工程技术规程》	A
11	CECS 129—2001	《埋地给水排水玻璃纤维增强热固性树脂夹砂管管道工程施工及验收规程》	A
12	CECS 386—2014	《外储压七氟丙烷灭火系统技术规程》	A
13	JC/T 552—2011	《纤维缠绕增强热固性树脂压力管》	B

2.3.13　安全

序号	标准号	名称	执行级别
1	GB 15630—1995	《消防安全标志设置要求》	A
2	GB/T 50087—2013	《工业企业噪声控制设计规范》	B
3	AQ 3035—2010	《危险化学品重大危险源安全监控通用技术规范》	A
4	AQ 3009—2007	《危险场所电气防爆安全规范》	A
5	AQ 3036—2010	《危险化学品重大危险源 罐区现场安全监控装备设置规范》	A
6	AQ 3047—2013	《化学品作业场所安全警示标志规范》	B

2.3.14 防腐

序号	标准号	名称	执行级别
1	GB 50726—2011	《工业设备及管道防腐蚀工程技术标准》	A
2	GB 6514—2023	《涂装作业安全规程 涂漆工艺安全及其通风》	A
3	GB 14907—2018	《钢结构防火涂料》	A
4	GB/T 13452.2—2008	《色漆和清漆 漆膜厚度的测定》	A
5	GB 7231—2003	《工业管道的基本识别色、识别符号和安全标识》	A
6	GB/T 23257—2017	《埋地钢质管道聚乙烯防腐层》	B
7	GB/T 30790—2014	《色漆和清漆防护涂料体系对钢结构的防腐蚀保护》	B
8	GB/T 50538—2020	《埋地钢质管道防腐保温层技术标准》	A
9	HG/T 20679—2014	《化工设备、管道外防腐设计规范》	B
10	HGJ 229—1991	《工业设备管道防腐蚀工程施工及验收规范》	B
11	SH/T 3606—2011	《石油化工涂料防腐蚀工程施工技术规程》	B
12	SH/T 3548—2024	《石油化工涂料防腐蚀工程施工及验收规范》	B
13	SH/T 3043—2014	《石油化工设备管道钢结构表面色和标志规定》	B
14	SY/T 7036—2016	《石油天然气站场管道及设备外防腐层技术规范》	B

2.4 调试标准

2.4.1 工艺

序号	标准号	名称	执行级别
1	GB/T 12241—2021	《安全阀 一般要求》	B
2	GB/T 12243—2021	《弹簧直接载荷式安全阀》	B

（续表）

序号	标准号	名称	执行级别
3	TSG 21—2016	《固定式压力容器安全技术监察规程》	A
4	TSG ZF001—2006	《安全阀安全技术监察规程》	A
5	SY/T 7303—2016	《液化天然气管道低温氮气试验技术规程》	B

2.4.2　电气

序号	标准号	名称	执行级别
1	GB 50034—2024	《建筑照明设计标准》	A
2	GB 50055—2011	《通用用电设备配电设计规范》	A
3	GB 50057—2010	《建筑物防雷设计规范》	A
4	GB 50150—2016	《电气装置安装工程 电气设备交接试验标准》	A
5	GB 50170—2018	《电气装置安装工程 旋转电机施工及验收规范》	A
6	GB/T 3836.1—2021	《爆炸性环境 第 1 部分：设备 通用要求》	B
7	GB 3836.14—2014	《爆炸性环境 第 14 部分：场所分类 爆炸性气体环境》	A
8	GB 50582—2010	《室外作业场地照明设计标准》	A
9	GB 50650—2011	《石油化工装置防雷设计规范》(2022 版)	A
10	GB 55024—2022	《建筑电气与智能化通用规范》	A
11	GB/T 4208—2017	《外壳防护等级(IP 代码)》	B
12	GB/T 12325—2008	《电能质量 供电电压偏差》	B
13	GB/T 12326—2008	《电能质量 电压波动和闪变》	B
14	AQ 3009—2007	《危险场所电气防爆安全规范》	B
15	DL/T 5222—2021	《导体和电器选择设计规程》	A

2.4.3 仪表

序号	标准号	名称	执行级别
1	GB 50093—2013	《自动化仪表工程施工及质量验收规范》	A
2	GB 50116—2013	《火灾自动报警系统设计规范》	A
3	GB 50493—2019	《石油化工企业可燃气体和有毒气体检测报警设计标准》	A
4	GB/T 18604—2023	《用气体超声波流量计测量天然气流量》	B
5	GB/T 19216.21—2003	《在火焰条件下电缆或光缆的线路完整性试验 第21部分：试验步骤和要求 额定电压0.6/1.0 kV及以下电缆》	B
6	GB/T 3956—2008	《电缆的导体》	B
7	GB/T 4208—2017	《外壳防护等级(IP代码)》	B
8	GB/T 6995—2008	《电线电缆识别标志方法》	B
9	GB/T 9330—2020	《塑料绝缘控制电缆》	B
10	HG/T 20505—2014	《过程测量与控制仪表的功能标志及图形符号》	B
11	HG/T 20509—2014	《仪表供电设计规范》	B
12	HG/T 20510—2014	《仪表供气设计规范》	B
13	HG/T 20511—2014	《信号报警及联锁系统设计规范》	B
14	HG/T 20512—2014	《仪表配管配线设计规范》	B
15	HG/T 20637.2—2017	《化工装置自控专业工程设计文件的编制规范 自控专业工程设计用图形符号和文字代号》	B
16	HG/T 20699—2014	《自控设计常用名词术语》	B
17	SHB-Z06—1999	《石油化工紧急停车及安全联锁系统设计导则》	B

2.4.4　通信

序号	标准号	名称	执行级别
1	GB 16796—2022	《安全防范报警设备安全要求和试验方法》	A
2	GB 50116—2013	《火灾自动报警系统设计规范》	A
3	GB 50166—2019	《火灾自动报警系统施工及验收标准》	A
4	GB 50348—2018	《安全防范工程技术标准》	A
5	GB 50464—2008	《视频显示系统工程技术规范》	A
6	GB 50394—2007	《入侵报警系统工程设计规范》	A
7	GB 5441—2016	《通信电缆试验方法》	A
8	GB 55029—2022	《安全防范工程通用规范》	A
9	GB 4715—2024	《点型感烟火灾探测器》	A
10	GB 4716—2005	《点型感温火灾探测器》	A
11	GB 4717—2005	《火灾报警控制器》	A
12	GB 16806—2006	《消防联动控制系统》	A
13	GB 17429—2011	《火灾显示盘》	A
14	GB 19880—2005	《手动火灾报警按钮》	A
15	GB 25506—2010	《消防控制室通用技术要求》	A
16	GB 50526—2010	《公共广播系统工程技术标准》	A
17	SH/T 3521—2013	《石油化工建设工程施工安全技术规范》	B
18	SY/T 4121—2018	《基于光纤传感的管道安全预警系统设计及施工规范》	B
19	SY/T 6827—2020	《油气管道安全预警系统技术规范》	B

2.4.5 机械

序号	标准号	名称	执行级别
1	GB/T 14405—2011	《通用桥式起重机》	B
2	JB/T 1306—2008	《电动单梁起重机》	B
3	JB/T 5897—2014	《防爆桥式起重机》	B
4	TSG T7007—2022	《电梯型式试验规则》	A

2.4.6 安全

序号	标准号	名称	执行级别
1	AQ 3035—2010	《危险化学品重大危险源 安全监控通用技术规范》	A
2	AQ 3036—2010	《危险化学品重大危险源 罐区现场安全监控装备设置规范》	A

2.4.7 消防给排水

序号	标准号	名称	执行级别
1	GB 50151—2021	《泡沫灭火系统技术标准》	A
2	GB 50498—2009	《固定消防炮灭火系统施工与验收规范》	A
3	CECS 386—2014	《外储压七氟丙烷灭火系统技术规程》	A

第三章

国外标准目录

3.1 设计标准

3.1.1 通用标准

序号	标准号	名称	执行级别
1	API 620—2021	Design and Construction of Large, Welded, Low-Pressure Storage Tanks (《大型焊接低压储罐的设计与建造》)	B
2	EN ISO-16903—2015	Petroleum and Natural Gas Industries — Characteristics of LNG, Influencing the Design, and Material Selection (《石油和天然气工业——液化天然气影响设计和材料选择的特性》)	B
3	CSA Z276—2022	Liquefied natural gas (LNG) — Production, storage, and handling [《液化天然气(LNG)——生产、储存和装运》]	B
4	EN 14620—2006	Design and Manufacture of Site Built, Vertical, Cylindrical, Flat-Bottomed Steel Tanks for the Storage of Refrigerated, Liquefied gases with Operating Temperatures between 0℃ and −165℃ (《工作温度0℃～−165℃冷冻液态气体储存用现制立式圆筒平底钢罐的设计与制造》)	B
5	EN 1473—2021	Installation and Equipment for Liquefied Natural Gas — Design of Onshore Installations (《液化天然气设备和安装 陆上装置设计》)	B
6	EN 10204—2004	Metallic Product — Types of Inspection Documents(金属产品——检验文件的类型)	B

（续表）

序号	标准号	名称	执行级别
7	NFPA 59A—2023	Standard for the Production, Storage, and Handling of Liquefied Natural Gas (LNG)[《液化天然气(LNG)生产、储存和装运》]	B
8	OISD-STD—194	Standard for the Storage and Handling of Liquefied Natural Gas (LNG)[《液化天然气(LNG)储罐和装卸标准》]	B

3.1.2 工艺

序号	标准号	名称	执行级别
1	ASME BPVC. Ⅷ. 1—2023	2023 ASME Boiler and Pressure Vessel Code, Section Ⅷ, Division 1: Rules for Construction of Pressure Vessels (《2023 ASME 锅炉和压力容器规范第八节第1部分：压力容器建造规则》)	B
2	ASME B16. 5—2020	Pipe Flanges and Flanged Fittings (《管法兰和法兰管件》)	B
3	ASME B31. 3—2020	Process Piping (《工艺管道》)	B
4	API STD 521—2020	Pressure-Relieving and Depressuring Systems (《泄压和减压系统》)	B
5	API STD 520—2020	Sizing, Selection, and Installation of Pressure-Relieving Devices(《泄压装置的尺寸、选择和安装》)	B
6	API STD 526—2023	Flanged Steel Pressure-Relief Valves (《钢制法兰连接泄压阀》)	B
7	API STD 527—2014	Seat Tightness of Pressure Relief Valves (《泄压阀的阀座密封性》)	B
8	API STD 610—2021	Centrifugal Pumps for Petroleum, Petrochemical, and Natural Gas Industries(《石油、石化和天然气工业用离心泵》)	B
9	API STD 625—2021	Tank Systems for Refrigerated Liquefied Gas Storage (《低温液化气储存罐系统》)	B
10	API STD 2000—2014	Venting Atmospheric and Low-Pressure Storage Tanks (《通风大气和低压储罐》)	B
11	ISO 4126-7—2020	Safety Devices for Protection against Excessive Pressure — Part 7: Common Data (《过压保护安全设备—第7部分：通用数据》)	B

3.1.3 土建

序号	标准号	名称	执行级别
1	ACI SP-326—2018	Durability and Sustainability of Concrete Structures (《混凝土结构的耐久性和可持续性》)	B
2	ACI 349—2013	Code Requirements for Nuclear Safety-Related Concrete and Commentary (《核安全相关混凝土结构规范和注释》)	B
3	ACI 376—2011	Code Requirements for Design and Construction of Concrete Structures for the Containment of Refrigerated Liquefied Gases and Commentary (《用于容纳冷冻液化气体的混凝土结构的设计和施工规范要求和评论》)	B
4	EN 10080—2005	Steel for the Reinforcement of Concrete — Weldable Reinforcing Steel (《混凝土增强用钢——可焊接钢筋》)	B
5	EN 10138—2000	Prestressing Steels《预应力钢筋》	A
6	EN 12151—2007	Machinery and Plants for the Preparation of Concrete and Mortar — Safety Requirements (《混凝土和灰浆生产用机械和设备.安全要求》)	B
7	EN 12620—2013	Aggregates for concrete (《混凝土集料》)	B
8	EN 12812—2011	Falsework — Performance Requirements and General Design (《脚手架——性能要求和总体设计》)	B
9	EN 13670—2009	Execution of Concrete Structure (《混凝土结构实现》)	B
10	EN 197-1—2011	Cement—Part 1: Composition, Specifications and Conformity Criteria for Common Cements (《水泥——第 1 部分：普通水泥的成分、规格和合格标准》)	B
11	EN 1992-1-1—2023	Design of Concrete Structures — General Rules and Rules for Buildings, Bridges and Civil Engineering Structures (《混凝土结构的设计——建筑物桥梁和土木工程结构的一般规则和规则》)	A
12	EN 1998-1—2005	Design of Structures for Earthquake Resistance — Part 1: General Rules, Seismic Actions and Rules for Buildings (《抗震结构设计——第一部分：一般规则、地震作用和建筑物规则》)	A
13	EN 206—2013+A2—2021	Concrete — Specification, Performance, Production and Conformity (《混凝土——规范、性能、生产与合规性》)	B

（续表）

序号	标准号	名称	执行级别
14	EN 934-2—2009+A1—2012	Admixtures for Concrete, Mortar and Grout. Concrete Admixtures. Definitions, Requirements, Conformity, Marking and Labelling (《混凝土、砂浆和灌浆外加剂. 混凝土外加剂. 定义、要求、一致性、标记和标签》)	B
15	EN ISO 15630-1—2019	Steel for the Reinforcement and Prestressing of Concrete. Test Methods. Part 1: Reinforcing Bars, Rods and Wire (《混凝土的钢筋和预应力用钢. 试验方法. 第 1 部分：钢筋、杆和钢丝》)	B
16	EN 10080—2005	Steel for the Reinforcement of Concrete — Weldable Reinforcing Steel — General (《混凝土增强用钢——可焊接钢筋——总则》)	B
17	EN 10138-3—2011	Draft Document — Prestressing Steels — Part 3: Strand(《文件草案. 预应力钢. 第 3 部分：钢绞线》)	A

3.1.4 结构

序号	标准号	名称	执行级别
1	ASCE/SEI 7—2022	Minimum Design Loads and Associated Criteria for Buildings and Other Structures (《建筑和其他结构的最小设计荷载和相关标准》)	B
2	API STD 650—2020	Welded Tanks for Oil Storage (《焊接石油储罐》)	B
3	ASTM A240/A240M—2023	Standard Specification for Chromium and Chromium-Nickel Stainless Steel Plate, Sheet, and Strip for Pressure Vessels for General Applications (《压力容器和一般应用用铬和铬镍不锈钢板、薄板和带材的标准规范》)	B
4	ASTM A276/A276M—2024	Standard Specification for Stainless Steel Bars and Shapes (《不锈钢棒材和型材的标准规格》)	B

（续表）

序号	标准号	名称	执行级别
5	ASTM B209/B209M—2021	Standard Specification for Aluminum and Aluminum-Alloy Sheet and Plate（《铝和铝合金板薄板材和板材的标准规范》）	B
6	EN 10025-1—2004	Hot Rolled Products of Structural Steels — Part 1：General Technical Delivery Condition（《结构钢热轧产品. 第 1 部分：一般技术交货条件》）	B
7	EN 10025-2—2004	Hot Rolled Products of Structural Steels — Part 2：Technical Delivery Conditions for Non-Alloy Structural Steels（《结构钢的热轧产品. 第 2 部分：非合金钢的技术供货条件》）	B
8	EN 12812—2011	Falsework — Performance Requirements and General Design（《脚手架——性能要求和总体设计》）	B
9	BS 5950-1—2000	Structural Use of Steelwork in Building — Part 1：Code of Practice for Design. Rolled and Welded Sections（《建筑中使用的钢制结构. 第 1 部分：设计的实施规范. 轧制和焊接型材》）	B
10	EN 1990—2002+A1—2005	Basis of Structural Design（《结构设计基础》）	B
11	EN 1991—2006	Eurocode 1. Actions on Structures（《结构上的作用》）	B
12	EN 1993—2007	Eurocode 3：Design of Steel Structures（《钢结构设计》）	B
13	EN 1998—2005	Design of Structures for Earthquake Resistance（《抗震结构设计》）	B
14	EN 10028-4—2017	Flat Products Made of Steels for Pressure Purposes — Part 4：Nickel Alloy Steels with Specified Low Temperature Properties（《压力用扁钢制品. 第 4 部分：具有规定低温性能的镍合金钢》）	B
15	ISO 10721-1—1997	Steel Structures — Part 1：Materials and Design（《钢结构. 第 1 部分：材料和设计》）	B
16	TM5-1300	Structures to Resist the Effects of Accidental Explosions（《抗偶然爆炸结构设计手册》）	B

3.1.5 建筑

序号	标准号	名称	执行级别
1	NFPA 101—2021	Life Safety Code (《生命安全规范》)	B
2	NFPA 221—2021	Standard for High Challenge Fire Walls, Fire Walls, and Fire Barrier Walls (《高挑战防火墙、防火墙和防火隔墙标准》)	B
3	NFPA 551—2019	Guide for The Evaluation of Fire Risk Assessment (《火灾风险评估指南》)	B
4	IECC—2021	International Energy Conservation Code (《国际节能标准》)	B
5	IGCC—2021	International Green Construction Code (《国际绿色建筑标准》)	B

3.1.6 管道

序号	标准号	名称	执行级别
1	ASME B31.3—2020	Process Piping (《工艺管道》)	B
2	ASME B16.5—2020	Pipe Flanges and Flanged Fittings (《管法兰和法兰管件》)	B
3	ASME B16.9—2018	Factory-Made Wrought Buttwelding Fittings (《工厂制造的锻钢对焊管件》)	B
4	ASME B16.10—2017	Face to Face and End to End Dimensions of Valves (《阀门结构长度)》	B
5	ASME B16.11—2021	Forged Fittings, Socket-Welding and Threaded (《承插焊和螺纹连接的锻造管件》)	B
6	ASME B16.20—2023	Metallic Gaskets for Pipe Flanges (《管法兰用金属垫片》)	B
7	ASME B16.21—2021	Nonmetallic Flat Gaskets for Pipe Flanges (《管法兰用非金属垫片》)	B
8	ASME B16.25—2017	Buttwelding Ends (《对焊端》)	B

（续表）

序号	标准号	名称	执行级别
9	ASME B16. 34—2020	Valves-Flanged，Threaded and Welding Ends（《法兰、螺纹和焊连接的阀门》）	B
10	ASME B16. 36—2020	Orifice Flanges《孔板法兰》	B
11	ASME B16. 47—2017	Large Diameter Steel Flanges：NPS 26 Through：NPS 60 Metric/Inch Standard（《大口径钢制法兰：公称管径 NPS 26～NPS 60 的公制/英制标准》）	B
12	ASME B16. 48—2020	Line Blanks（《管线盲板》）	B
13	ASME B18. 2. 1—2012(R2021)	Square，Hex，Heavy Hex，and Askew Head Bolts and Hex，Heavy Hex，Hex Flange，Lobed Head，and Lag Screws（Inch Series）[《方头、六角头、六角重型以及斜头螺栓和六角头、六角重型、六角轮缘、列头以及方头螺丝(英制系列)》]	B
14	ASME B18. 2. 2—2022	Nuts for General Applications：Machine Screw Nuts；and Hex，Square，Hex Flange，and Coupling Nuts（Inch Series）[《一般用途的螺母：机器螺钉螺母、六角、方形、六角法兰和连接螺母(英制系列)》]	B
15	ASME B36. 10M—2018	Welded and Seamless Steel Pipe（《焊接无缝锻钢钢管》）	B
16	ASME B36. 19M—2018	Stainless Steel Pipe（《不锈钢钢管》）	B
17	API 5L—2018	Specification for Line Pipe（《管线钢管规范》）	B
18	API 6D—2021	Specification for Valves《阀门规范》	B
19	API 6FA—2020	Specification for Fire Test of Valves（《阀门耐火试验标准》）	B
20	API 594—2022	Check Valves：Flanged，Lug，Wafer，and Butt-welding（《法兰式、凸耳式、对夹式和对焊止回阀》）	B
21	API 598—2023	Valves Inspection and Testing（《阀门检查和测试》）	B
22	API 599—2020	Metal Plug Valves — Flanged，Threaded and Welding Ends（《法兰端、螺纹端和焊接端金属旋塞阀》）	B

（续表）

序号	标准号	名称	执行级别
23	API 600—2021	Steel Gate Valves — Flanged and Butt-welding Ends, Bolted Bonnets (《钢闸阀——法兰和对焊连接端、螺栓连接阀盖》)	B
24	API 602—2022	Gate, Globe, and Check Valves for Sizes DN 100 (NPS 4) and Smaller for the Petroleum and Natural Gas Industries (《石油和天然气工业用 DN 100(NPS 4)及以下尺寸的闸阀、截止阀和止回阀》)	B
25	API 609—2021	Butterfly Valves: Double-Flanged, Lug- and Wafer-type, and Butt-welding Ends(《双法兰式、凸耳式、对夹式和对焊端蝶阀》)	B
26	API 608—2020	Metal Ball Valves—Flanged, Threaded and Welding Ends (《法兰、螺纹和焊接端的金属球阀》)	B
27	ASME B1.1—2024	Unified Inch Screw Threads (UN, UNR, and UNJ Thread Forms) [《统一英制螺纹(UN、UNR 和 UNJ 螺纹形式)》]	B
28	ASME B18.31.2—2014(R2019)	Continuous Thread Stud, Double-End Stud, and Flange Bolting Stud (Stud Bolt) (Inch Series) [《连续螺纹螺柱、双头螺柱和法兰栓接螺柱(双头螺柱)(英制系列)》]	B
29	ASME BPVC.Ⅱ.A—2023	2023 ASME Boiler and Pressure Vessel Code, Section Ⅱ: Materials — Part A: Ferrous Material Specifications (《2023 ASME 锅炉和压力容器规范 第二节:材料——第 A 部分:黑色材料规范》)	B
30	ASTM A234/A234M—2024	Standard Specification for Piping Fittings of Wrought Carbon Steel and Alloy Steel for Moderate and High Temperature Service (《中高温用锻碳钢和合金钢管道配件标准规范》)	B
31	ASTM A240/A240M—2023	Standard Specification for Chromium and Chromium-Nickel Stainless Steel Plate, Sheet, and Strip for Pressure Vessels for General Applications《压力容器和一般应用铬和铬镍不锈钢板、薄板和带材的标准规范》	B
32	ASTM A333/A333M—2024	Standard Specification for Seamless and Welded Steel Pipe for Low-Temperature Service and Other Applications with Required Notch Toughness (《具有所需缺口韧性的低温和其他应用用无缝和焊接钢管的标准规范》)	B

（续表）

序号	标准号	名称	执行级别
33	ASTM A312/A312M—2024	Standard Specification for Seamless, Welded and Heavily Cold Worked Austenitic Stainless Steel Pipes（《无缝焊接和重冷加工奥氏体不锈钢管标准规范》）	B
34	ASTM A350/A350M—2024	Specification for Carbon and Low-Alloy Steel Forgings，Requiring Notch Toughness Testing for Piping Components（《管道部件所需缺口韧性试验用碳素钢与低合金钢锻件的标准规范》）	B
35	ASTM A358/A358M—2024	Standard Specification for Electric-Fusion-Welded Austenitic Chromium-Nickel Stainless Steel Pipe for High-Temperature Service and General Applications（《高温与一般应用用电熔焊奥氏体铬镍合金不锈钢管标准规范》）	B
36	ASTM A370—2023	Standard Test Methods and Definitions for Mechanical Testing of Steel Products（《钢制品机械试验的标准试验方法和定义》）	B
37	ASTM A420/A420M—2024	Standard Specification for Piping Fittings of Wrought Carbon Steel and Alloy Steel for Low-Temperature Service（《低温设备用锻制碳素钢和合金钢管道配件标准规范》）	B
38	ASTM A671/A671M—2020	Standard Specification for Electric-Fusion-Welded Steel Pipe for Atmospheric and Lower Temperatures（《常温和低温用电熔焊钢管的标准规范》）	B
39	BS 6364—1984(R1998)	Specification for Valves for Cryogenic Service（《低温阀门》）	B
40	EN ISO 15761—2020	Steel Gate, Globe and Check Valves for Sizes DN 100 and Smaller for the Petroleum and Natural Gas Industries（《石油和天然气工业用尺寸为 DN 100 及更小的钢闸阀、球阀和止回阀》）	B
41	EN ISO 17292—2015	Metal Ball Valves for Petroleum, Petrochemical and Allied Industries（《石油、石油化工和相关工业用金属球阀》）	B
42	MSS SP-25—2018	Standard Marking System for Valves, Fittings, Flanges and Unions（《阀门、配件、法兰和活接头的标准标记系统》）	B

（续表）

序号	标准号	名称	执行级别
43	MSS SP-43—2019	Wrought and Fabricated Butt-Welding Fittings for Low Pressure, Corrosion Resistant Applications（《低压、耐腐蚀应用的锻造和预制对焊配件》）	B
44	MSS SP-58—2018	Pipes Hangers and Supports — Materials, Design, Manufacture, Selection, Application, and Installation（《管道吊架和支架——材料、设计、制造、选择、应用和安装》）	B
45	MSS SP-69—2003	Pipe Hangers and Supports — Selection and Application（《管道吊架和支架——选择和设施》）	B
46	MSS SP-75—2019	High-Strength, Wrought, Butt-Welding Fittings（《高强度锻造对焊配件》）	B
47	MSS SP-95—2018	Swage(d) Nipples and Bull Plugs（《螺纹接头和堵头》）	B
48	MSS SP-97—2019	Integrally Reinforced Forged Branch Outlet Fittings — Socket Weld, Threaded and Butt Weld Ends（《整体加强锻造分支插座配件：承插焊、螺纹和对焊端》）	B

3.1.7 机械

序号	标准号	名称	执行级别
1	AWS SFA/A 5.23/A5.23M—2021	Specification for Low-Alloy and High Manganese Steel Electrodes and Fluxes for Submerged Arc Welding（《埋弧焊低合金高锰钢焊条和焊剂规范》）	B
2	ASME BPVC.Ⅱ.C—2023	Materials—Part C—Specifications for Welding Rods, Electrodes, and Filler Metals《材料——第C部分——焊条、电极及填充金属规范》	B
3	ASME BPVC IX—2023	2023 ASME Boiler and Pressure Vessel Code, Section Ⅸ, Qualification Standard for Welding, Brazing, and Fusing Procedures（《2023 ASME锅炉和压力容器规范 第九节焊接和钎焊评定》）	B
4	EN ISO 14555—2017	Welding — Arc Stud Welding of Metallic Materials（《焊接——金属材料的弧焊焊接》）	B

（续表）

序号	标准号	名称	执行级别
5	EN ISO 15614-2—2005	Specification and Qualification of Welding Procedures for Metallic Materials — Welding Procedure Test — Part 2：Aluminium and Its Alloys（《金属材料焊接工艺的规范和评定——焊接工艺试验——第 2 部分：铝及其合金的电弧焊》）	B
6	ISO/TR 15608—2017	Welding — Guidelines for a metallic materials grouping system（《焊接——金属材料分组系统指南》）	B
7	ANSI/AWS B4.0—2016	Standard Methods for Mechanical Testing of Welds（《焊缝机械试验的标准方法》）	B
8	API Spec 9A—2023	Specification for Wire Rope（《钢丝绳规范 》）	B
9	ASME/AWS A5.01/A5.01M—2019	Filler Metal Procurement Guidelines（《填充金属采购指南》）	B
10	ASME/AWS A5.11/A5.11M—2018	Specification for Nickel and Nickel-Alloy Welding Electrodes for Shielded Metal Arc Welding（《手工电弧焊镍和镍合金焊条规范》）	B
11	ASME/AWS A5.14/A5.14M—2024	Specification for Nickel and Nickel-Alloy Bare Welding Electrodes and Rods（《镍和镍合金裸焊条和焊条规范》）	B
12	ASME B31.3—2016	Process Piping（《工艺管道》）	B
13	ASME BPVC Ⅱ.C—2023	2023 ASME Boiler and Pressure Vessel Code，Section Ⅱ：Materials — Part C：Specifications for Welding Rods，Electrodes and Filler Metals（《2023 ASME 锅炉和压力容器规范 第二节：材料——第 C 部分：焊条、电极和填充金属规范》）	B
14	ASME/AWS A5.4/A5.4M—2012	Specification for Stainless Steel Electrodes for Shielded Metal Arc Welding（《保护金属电弧焊用不锈钢焊条规范》）	B
15	ASME/AWS A5.9/A5.9M—2022	Specification for Bare Stainless Welding Electrodes and Rods（《不锈钢裸焊丝及焊条规范》）	B
16	ASTM A240/A240M—2023	Standard Specification for Chromium and Chromium-Nickel Stainless Steel Plate，Sheet，and Strip for Pressure Vessels and for General Applications（《压力容器和一般应用用铬和铬镍不锈钢板、薄板和带材标准规范》）	B

（续表）

序号	标准号	名称	执行级别
17	ASTM A276/A276M—2024	Standard Specification for Stainless Steel Bars and Shapes (《不锈钢棒材和型材标准规范》)	B
18	ASTM A370—2023	Standard Test Methods and Definitions for Mechanical Testing of Steel Products (《钢制品机械试验的标准试验方法和定义》)	B
19	ASTM A480/A480M—2024	Standard Specification for General Requirements for Flat-Rolled Stainless and Heat-Resisting Steel Plate, Sheet, and Strip (《轧制不锈钢和耐热钢板、薄板和带材的一般要求的标准规范》)	B
20	ASTM A484/A484M—2024	Standard Specification for General Requirements for Stainless Steel Bars, Billets, and Forgings (《不锈钢棒材、坯料型材和锻件的一般要求标准规范》)	B
21	ASTM A578/A578M—2017(2023)	Standard Specification for Straight-Beam Ultrasonic Examination of Rolled Steel Plates for Special Applications (《特殊用途轧制钢板的直光束超声波检验标准规范》)	B
22	ASTM C136/C136M—2014	Standard Test Method for Sieve Analysis of Fine and Coarse Aggregates (《细骨料和粗骨料筛析的标准试验方法》)	B
23	ASTM C167-22	Standard Test Methods for Thickness and Density of Blanket or Batt Thermal Insulations (《绝热层或板条厚度和密度的标准试验方法》)	B
24	ASTM C177—2019	Standard Test Method for Steady-State Heat Flux Measurements and Thermal Transmission Properties by Means of the Guarded-Hot-Plate Apparatus (《用防护板装置测量稳态热通量和热传输特性的标准试验方法》)	B
25	ASTM C240—2021	Standard Test Methods of Testing Cellular Glass Insulation Block (《泡沫玻璃绝缘块试验的标准试验方法》)	B
26	ASTM C518—2021	Standard Test Method for Steady-State Thermal Transmission Properties by Means of the Heat Flow Meter Apparatus (《用热流计装置测定稳态热传输特性的标准试验方法》)	B

（续表）

序号	标准号	名称	执行级别
27	ASTM C549—2023	Standard Specification for Perlite Loose Fill Insulation（《珍珠岩松散填充绝缘材料的标准规格》）	B
28	ASTM C552—2022	Standard Specification for Cellular Glass Thermal Insulation（《多孔玻璃隔热材料标准规范》）	B
29	ASTM C553—2024	Standard Specification for Mineral Fiber Blanket Thermal Insulation for Commercial and Industrial Applications（《商业和工业应用矿物纤维毯绝热标准规范》）	B
30	ASTM D1475—2015	Standard Test Method for Density of Liquid Coatings，Inks，and Related Products（《液态涂料、油墨水和相关产品密度的标准试验方法》）	B
31	ASTM D1640—2014(2022)	Standard Test Methods for Drying，Curing，or Film Formation of Organic Coatings（《有机涂层干燥、固化或成膜的标准试验方法》）	B
32	ASTM D93—2019	Standard Test Methods for Flash Point by Pensky-Martens Closed Cup Tester（《使用 Pensky-Martens 闭杯试验机测定闪点的标准试验方法》）	B
33	ASTM D41—2011(2023)	Standard Specification for Asphalt Primer Used in Roofing，Dampproofing，and Waterproofing（《屋面、防潮和防水用沥青底漆标准规范》）	B
34	ASTM E 398—2020	Standard Test Method for Water Vapor Transmission Rate of Sheet Materials Using Dynamic Relative Humidity Measurement（《利用动态相对湿度测量测定薄片材料的水蒸气透过率的标准测试方法》）	B
35	BS 6398—1983	Specification for Bitumen Damp-Proof Courses for Masonry（《砖石砌筑用沥青铺防潮层规范》）	B
36	EN 10028-1—2017	Flat Products Made of Steels for Pressure Purposes — Part 1：General requirements（《压力用的扁钢制品. 第 1 部分：一般要求》）	B
37	EN 10028-4—2017	Flat Products Made of Steels for Pressure Purposes — Part 4：Nickel Alloy Steels with Specified Low Temperature Properties《压力用的扁钢制品. 第 4 部分：具有低温性能的镍合金钢》	B

（续表）

序号	标准号	名称	执行级别
38	EN 10160—1999	Ultrasonic Testing of Steel Flat Product of Thickness Equal or Greater than 6mm (reflection method)（《厚度等于或大于6mm扁钢制品的超声检验(反射方法)》）	B
39	EN ISO 15614-1—2017	Specification and Qualification of Welding Procedures for Metallic Materials. Welding Procedure Test — Part 1: Arc and Gas Welding of Steels and Arc Welding of Nickel and Nickel Alloys（《金属材料焊接工艺的规范和评定.焊接工艺试验——第1部分：钢的电弧焊和气焊以及镍和镍合金的电弧焊》）	B
40	EN ISO 9016—2022	Destructive Tests on Welds in Metallic Materials — Impact Tests — Test Specimen Location, Notch Orientation and Examination（《金属材料焊缝的破坏性试验——冲击试验——试验位置、缺口方向和检查》）	B
41	EN 10045—1990	Charpy Impact Test on Metallic Materials（《金属材料的夏比冲击试验》）	B
42	FEM 1.001—1998	Rules for the Design of Hoisting Appliances（《起重机械设计规范》）	B
43	IEC 60034—2024	Rotating Electrical Machines（《旋转电机》）	B
44	ISO 14172—2023	Welding Consumables — Covered Electrodes for Manual Arc Welding of Nickel and Nickel Alloys — Classification（《焊接耗材——镍及镍合金的手工金属电弧焊用焊条——分类》）	B
45	ISO 14174—2019	Welding Consumables — Fluxes for Submerged Arc Welding and Electroslag Welding — Classification（《焊接焊材——用于埋弧焊和电焊焊接的焊剂——分类》）	B
46	ISO 3951-1—2023	Sampling Procedures for Inspection by Variables — Part 1: Specification for Single Sampling Plans Indexed by Acceptance Quality Limit (AQL) for Lot-by-Lot Inspection for a Single Quality Characteristic and a Single AQL [《变量检验的抽样程序——第1部分：按验收质量(AQL)检索且用于单一质量特征和单一AQL逐批检验的单一抽样计划规范》]	B

（续表）

序号	标准号	名称	执行级别
47	API STD 610—2021	Centrifugal Pumps for Petroleum, Petrochemical and Natural Gas Industries（《石油、石化和天然气工业用离心泵》）	A
48	ASME B16.5—2020	Pipe Flanges and Flanged Fittings（《管法兰和法兰管件》）	B
49	ISO 1940-1—2003	Mechanical Vibration — Balance Quality Requirements for Rotors in a Constant (Rigid) State — Part 1: Specification and Verification of Balance Tolerances [《机械振动——恒定（刚性）状态下转子的平衡质量要求——第 1 部分：平衡公差的规范和验证》]	B

3.1.8　电气

序号	标准号	名称	执行级别
1	API RP 540—1999(2013)	Electrical Installations in Petroleum Processing Plants（《石油加工厂的电气装置》）	B
2	API RP 2003—2015(R2020)	Protection against Ignitions Arising Out of Static, Lightning, and Stray Currents（《静电、雷电和杂散电流引起的点火保护》）	B
3	IEC 60038—2009	IEC Standard Voltages（《IEC 标准电压》）	B
4	IEC 60050—195—2021	International Electrotechnical Vocabulary (IEV) — Part 195: Earthing and Protection against Electric Shock（《国际电工词汇. 第 195 部分：接地和电击的防护》）	B
5	IEC 60079-0—2017	Explosive Atmospheres — Part 0: Equipment — General Requirements（《爆炸性环境. 第 0 部分：设备. 一般要求》）	B
6	IEC 60287—2023	Electric Cables — Calculation of the Current Rating（《电缆——计算额定电流》）	B
7	IEC 60364-5-56—2018	Low-Voltage Electrical Installations — Part 5-56: Selection and Erection of Electrical Equipment — Safety Services（《低压电气装置——第 5-56 部分：电气设备的选择及安装——安全服务》）	B

（续表）

序号	标准号	名称	执行级别
8	IEC 60529—2020	Degree of Protection Provided by Enclosures(IP Code)《外壳防护等级(IP 代码)》	B
9	IEC 60909—2021	Short-Circuit Currents in Three-Phase Ac Systems (《三相交流系统中的短路电流》)	B
10	IEC 61000 —2022	Electromagnetic Compatibility (《电磁兼容性》)	B
11	IEC 61140—2016	Protection against Electric Shock — Common Aspects for Installation and Equipment (《防电击——安装和设备的常见方面》)	B
12	IEC 62305—2024	Protection against Lightning (《雷电防护》)	B
13	IEEE STD 141—1993	IEEE Recommended Practice for Electric Power Distribution for Industrial Plants (《IEEE 工业厂房配电推荐规程》)	B
14	IEEE STD 142—2007	IEEE Recommended Practice for Grounding of Industrial and Commercial Power Systems (《IEEE 工业和商业电力系统接地推荐规程》)	B
15	IEEE STD 242—2001	IEEE Recommended Practice for Protection and Coordination of Industrial and Commercial Power Systems (《IEEE 工业和商业电力系统保护和协调推荐规程》)	B
16	NF C17-102—2011	Protection against Lightning — Early Streamer Emission Lightning Protection Systems (《建筑物防雷标准：电子流辐射早期避雷系统》)	B
17	NFPA 70—2023	National Electrical Code (《国家电气规范》)	B
18	NFPA 780—2023	Standard for the Installation of Lightning Protection Systems (《防雷系统安装标准》)	B

3.1.9 仪表

序号	标准号	名称	执行级别
1	ANSI/ISA 12.01.01—2013	Definitions and Information Pertaining to Electrical Equipment in Hazardous (Classified) Locations [《危险(分类)场所电气设备定义和相关信息》]	B

（续表）

序号	标准号	名称	执行级别
2	ANSI/ISA 5.3—1983	Graphic Symbols for Distributed Control/Shared Display Instrumentation, Logic and Computer Systems (《分布式控制/共享显示仪表、逻辑和计算机系统用图形符号》)	B
3	ANSI/ISA 5.4—1991	Instrument Loop Diagrams (《仪表回路图》)	B
4	ANSI/ISA 5.5—1985	Graphic Symbols for Process Displays (《过程显示图形符号》)	B
5	ANSI/FCI 70-2—2021	Control Valve Seat Leakage (《控制阀座泄露》)	B
6	API STD 607—2022	Fire Test for Quarter-Turn Valves and Valves Equipped with Nonmetallic Seats (《直角回转阀和配备非金属阀座的阀门的防火试验》)	B
7	API STD 521—2020	Pressure-Relieving and Depressuring Systems (《泄压和减压系统》)	B
8	API RP 551—2016	Process Measurement (《过程测量》)	B
9	ASME B16.10—2022	Face to Face & End to End Dimensions of Valves (《阀门结构长度》)	B
10	BS 6364—1984(R1998)	Specification for Valves for Cryogenic Service (《低温用阀门》)	B
11	EN 12266—2012	Industrial Valves — Testing of Metallic Valves (《工业阀门——金属阀门测试》)	B
12	IEC 60079-0—2017	Explosive Atmospheres — Part 0: Equipment — General Requirements (《爆炸性环境. 第0部分:设备. 一般要求》)	B
13	IEC 61508—2010	Functional Safety of Electrical/Electronic/Programmable Electronic Safety-Related Systems (《电气、电子、程序可控的电子安全相关系统的功能性安全》)	B
14	IEC 60529—2020	Degree of Protection Provided by Enclosures(IP Code) 《外壳防护等级(IP代码)》	B
15	IEC 60751—2022	Industrial Platinum Resistance Thermometers and Platinum Temperature Sensors (《工业铂电阻温度计和铂温度传感器》)	B

（续表）

序号	标准号	名称	执行级别
16	IEC 61000—2020	Electromagnetic Compatibility（《电磁兼容性》）	B
17	ISA 75.01.01—2012	Industrial — Process Control Valves — Part 2-1：Flow Capacity — Sizing Equations for Fluid Flow under Installed Conditions（《工业过程控制阀.第 2-1 部分：流量、安装条件下液体流量的尺寸方程》）	B
18	ISA RP 42.00.01—2001	Nomenclature for Instrument Tube Fittings（《仪表管配件的命名》）	B
19	ISA 20—1981	Specification Forms for Process Measurement and Control Instruments，Primary Elements and Control Valves（《过程测量和控制仪表、一次元件和控制阀的规范形式》）	B
20	ISA 5.1—2024	Instrumentation Symbols and Identification（《仪表符号和标识》）	B
21	ISA 75.02.01—2008	Control Valve Capacity Test Procedure（《控制阀容量测试程序》）	B
22	ISO 5167-1—2022	Measurement of Fluid Flow by Means of Pressure Differential Devices Inserted in Circular Cross-Section Conduits Running Full — Part 1：General Principles and Requirements（《用插入圆形横截面管道中的压差装置测量流体流量——第 1 部分：一般原则和要求》）	B
23	ISO 5208—2015	Industrial Valves — Pressure Testing of Metallic Valves（《工业阀门——金属阀门的压力试验》）	B
24	ISO 8310—2012	Refrigerated Hydrocarbon and Non-Petroleum Based Liquefied Gaseous Fuels — General Requirements for Automatic Tank Thermometers on Board Marine Carriers and Floating Storage（《冷冻烃液和非石油基液化气燃料——船舶海运和固定系泊大型油轮上自动储罐温度计通用要求》）	B
25	ISO 15848—2015	Industrial Valves — Measurement，Test and Qualification Procedures for Fugitive Emissions（《工业阀门——用于逃逸排放的测量、测试和鉴定程序》）	B
26	MSS SP-134—2012	Valves for Cryogenic Service including Requirements for Body/Bonnet Extensions（《低温阀门及其阀体/阀盖加长体的要求》）	B

3.1.10 通信

序号	标准号	名称	执行级别
1	IEC 60268-16—2020	Sound System Equipment — Part 16: Objective Rating of Speech Intelligibility by Speech Transmission Index (《声音系统设备——第16部分：通过语言传输指数的语音清晰度的客观评价》)	B
2	IEC 60529—2020	Degree of Protection Provided by Enclosures (IP Code) (《外壳防护等级(IP代码)》)	B
3	IEC 62305—2024	Protection against Lightning (《雷电防护》)	B
4	NFPA 72—2022	National Fire Alarm and Signaling Code (《国家火灾报警和信号规范》)	B

3.1.11 消防给排水

序号	标准号	名称	执行级别
1	API Spec 15LR—2001(R2013)	Specification for Low Pressure Fiberglass Line Pipe (《低压玻璃纤维线管及其组件规格》)	B
2	AWWA M45—2014	Fiberglass Pipe Design (《玻璃纤维管设计》)	B
3	NFPA 1—2021	Fire Code (《消防规范》)	B
4	NFPA 10—2022	Standard for Portable Fire Extinguishers (《手持式灭火器标准》)	B
5	NFPA 11—2021	Standard for Low-, Medium-, and High-Expansion Foam (《低膨胀、中膨胀和高膨胀泡沫标准》)	B
6	NFPA 13—2022	Standard for the Installation of Sprinkler Systems (《自动喷淋系统安装标准》)	B
7	NFPA 14—2024	Standard for the Installation Standpipe and Hose Systems (《立管及软管安装系统标准》)	B
8	NFPA 15—2022	Standard for Water Spray Fixed Systems for Fire Protection (《消防固定喷水系统标准》)	B

（续表）

序号	标准号	名称	执行级别
9	NFPA 17—2021	Standard for Dry Chemical Extinguishing Systems (《干式化学灭火系统标准》)	B
10	NFPA 20—2022	Standard for the Installation of Stationary Pumps for Fire Protection (《消防用固定泵安装规范》)	B
11	NFPA 22—2023	Standard for Water Tanks for Private Fire Protection (《私人消防水箱标准》)	B
12	NFPA 24—2022	Standard for the Installation of Private Fire Service Mains and Their Appurtenances (《私有消防总管及其附件的安装标准》)	B
13	NFPA 2001—2022	Standard on Clean Agent Fire Extinguishing Systems (《清洁剂灭火系统标准》)	B

3.1.12 安全

序号	标准号	名称	执行级别
1	NFPA 1—2021	Fire Code (《消防规范》)	B
2	NFPA 30—2021	Flammable and Combustible Liquids Code (《易燃和可燃液体规范》)	B
3	NFPA 72—2022	National Fire Alarm and Signaling Code (《国家火灾报警和信号规范》)	B
4	NFPA 92—2021	Standard for Smoke Control Systems (《烟雾控制系统标准》)	B
5	NFPA 101—2021	Life Safety Code (《生命安全规范》)	B
6	NFPA 497—2021	Recommended Practice for the Classification of Flammable Liquids, Gases, or Vapors and of Hazardous (Classified) Locations for Electrical Installations in Chemical Process Areas [《化学工艺区电气装置易燃液体、气体或蒸汽和危险(分类)位置分类的推荐做法》]	B

3.1.13　防腐

序号	标准号	名称	执行级别
1	ASTM A123/A123M—2024	Standard Specification for Zinc (Hot-Dip Galvanized) Coatings on Iron and Steel Products [《钢铁制品锌(热镀锌)涂层的标准规范》]	B
2	ASTM D4541—2022	Standard Test Method for Pull-off Strength of Coatings Using Portable Adhesion Testers (《用便携式附着力测试仪测定涂层剥离强度的标准试验方法》)	B
3	ASTM D3359—2023	Standard Test Methods for Rating Adhesion by Tape Test (《胶带试验评定附着力的标准试验方法》)	B
4	ASTM D4752—2020(2024)	Standard Practice for Measuring MEK Resistance of Ethyl Silicate (Inorganic) Zinc-Rich Primers by Solvent Rub [《用溶剂擦拭法测量硅酸乙酯(无机)富锌底漆的耐 MEK 性的标准规程》]	B
5	ASTM D4285—2024	Standard Practice for Indicating Oil or Water in Compressed Air (《压缩空气中油或水指示的标准规程》)	B
6	ASTM D5162—2024	Standard Practice for Discontinuity (Holiday) Testing of Nonconductive Protective Coating on Metallic Substrates [《金属衬底上绝缘保护涂层不连续性（漏涂）测试的标准实施规程》]	B
7	ISO 2808—2019	Paints and Varnishes — Determination of Film Thickness 《色漆和清漆.漆膜厚度的测定》	B
8	ISO 4628—2016	Paints and Varnishes — Evaluation of Degradation of Coatings — Designation of Quantity and Size of Defects, and of Intensity of Uniform Changes in Appearance (《涂料和清漆——涂层老化评估——缺陷数量和大小以及外观均匀变化程度命名》)	B
9	ISO 8044—2020	Corrosion of Metals and Alloys — Vocabulary (《金属和合金的腐蚀——词汇》)	B
10	ISO 8501-1—2007	Preparation of Steel Substrates before Application of Paints and Related Products — Visual Assessment of Surface Cleanliness — Part 1: Rust Grades and Preparation Grades of Uncoated Steel Substrates and of Steel Substrates after Overall Removal of Previous Coatings (《涂料和相关产品使用前钢衬底的制备——表面清洁度的目测评估——第 1 部分：未涂覆钢衬底和彻底清除原有涂层后钢衬底的锈蚀等级和制备等级》)	B

（续表）

序号	标准号	名称	执行级别
11	ISO 8503—2012	Preparation of Steel Substrates before Application of Paints and Related Products — Surface Roughness Characteristics of Blast-Cleaned Steel Substrates（《涂装油漆和有关产品前钢材预处理——喷射清理钢材的表面粗糙度特性》）	B
12	SSPC-PA 1—2016	Shop, Field, and Maintenance Coating of Steel（《钢铁在车间、现场和维修时的油漆施工规范》）	B
13	SSPC-SP 1—2016	Solvent Cleaning（《溶剂清洗》）	B
14	SSPC-SP 2—2018	Hand Tool Cleaning（《手工工具清洁》）	B
15	SSPC-SP 3—2018	Power Tool Cleaning（《电动工具清洁》）	B
16	SSPC-SP 5—2007	White Metal Blast Cleaning（《白金属喷砂彻底清理》）	B
17	SSPC-SP 6—2007	Commercial Blast Cleaning（《商业级喷砂清理》）	B
18	SSPC-SP 7—2007	Brush-off Blast Cleanings（《刷除喷砂清理》）	B
19	SSPC-SP 8—2004	Pickling（《酸洗》）	B
20	SSPC-SP 10—2007	Near-White Blast Cleaning（《近白色喷砂清理》）	B
21	SSPC-SP 11—2013	Power Tool Cleaning to Bare Metal（《电动工具清理到裸露金属》）	B

3.2 施工标准

3.2.1 通用标准

序号	标准号	名称	执行级别
1	API 620—2021	Design and Construction of Large, Welded, Low-Pressure Storage Tanks（《大型焊接低压储罐的设计与建造》）	B

（续表）

序号	标准号	名称	执行级别
2	EN 14620—2006	Design and manufacture of site built, vertical, cylindrical, flat-bottomed steel tanks for the storage of refrigerated, Liquefied gases with operating temperatures between 0℃ and －165℃《工作温度0℃～－165℃冷冻液态气体储存用现制立式圆筒平底钢罐的设计与制造》	B
3	EN 1473—2021	Installation and Equipment for Liquefied Natural Gas — Design of Onshore Installations《液化天然气设备和安装 陆上装置设计》	B

3.2.2　工艺

序号	标准号	名称	执行级别
1	ASME B31.3—2020	Process Piping《工艺管道》	B
2	API STD 520—2020	Sizing, Selection, and Installation of Pressure-relieving Devices in Refineries《泄压装置的尺寸、选择和安装》	B

3.2.3　土建

序号	标准号	名称	执行级别
1	ACI 376—2011	Code Requirements for Design and Construction of Concrete Structures for the Containment of Refrigerated Liquefied Gases and Commentary《用于容纳冷冻液化气体遏制混凝土结构设计与施工规范要求和评论》	B
2	EN 1008—2002	Mixing Water for Concrete. Specifications for Sampling, Testing and Assessing the Suitability of Water, including Water Recovered from Processes in the Concrete Industry, as Mixing Water for Concrete［《混凝土混合用水——取样、测试、评估用水适宜性（含将混凝土生产中的回收水用作混凝土用水》］	B
3	EN 12812—2011	Falsework — Performance Requirements and General Design《脚手架——性能要求和总体设计》	B

（续表）

序号	标准号	名称	执行级别
4	EN 934-2—2009+A1—2012	Admixtures for Concrete, Mortar and Grout—Part 2: Concrete Admixtures—Definitions, Requirements, Conformity, Marking and Labelling（《混凝土、砂浆和灌浆外加剂——第 2 部分：混凝土外加剂—定义、要求、一致性、标记和标签》）	B

3.2.4 管道

序号	标准号	名称	执行级别
1	ASME B31.3—2020	Process Piping（《工艺管道》）	B
2	MSS SP58—2018	Pipes Hangers and Supports — Materials, Design, Manufacture, Selection, Application, and Installation（《管道吊架和支架——材料、设计制造、选择、应用和安装》）	B

3.2.5 电气

序号	标准号	名称	执行级别
1	API RP 540—1999(2013)	Electrical Installations in Petroleum Processing Plants（《石油加工厂的电气装置》）	B
2	API RP 2003—2015(R2020)	Protection against Ignitions Arising Out of Static, Lightning, and Stray Currents（《静电、雷电和杂散电流引起的点火保护》）	B
3	IEC 60364-5-56—2018	Low-Voltage Electrical Installations — Part 5-56: Selection and Erection of Electrical Equipment — Safety Services（《低压电气装置——第 5-56 部分：电气设备的选择及安装——安全服务》）	B
4	IEC 62305—2024	Protection against Lightning（《雷电防护》）	B
5	IEEE STD 142—2007	IEEE Recommended Practice for Grounding of Industrial and Commercial Power Systems（《IEEE 工业和商业电力系统接地推荐规程》）	B
6	NF C17-102—2011	Protection against Lightning — Early Streamer Emission Lightning Protection Systems（《建筑物防雷标准：电子流辐射早期避雷系统》）	B

（续表）

序号	标准号	名称	执行级别
7	NFPA 70—2023	National Electrical Code（《国家电气规范》）	B
8	NFPA 780—2023	Standard for the Installation of Lightning Protection Systems（《防雷系统安装标准》）	B

3.2.6　仪表

序号	标准号	名称	执行级别
1	ISA 5.5—1985	Graphic Symbols for Process Displays（《过程显示图形符号》）	B
2	API RP 551—2016	Process Measurement（《过程测量》）	B
3	IEC 60079-0—2017	Explosive Atmospheres — Part 0：Equipment — General Requirements （《爆炸性环境.第0部分:设备.一般要求》）	B
4	ISA 5.1—2024	Instrumentation Symbols and Identification（《仪表符号和标识》）	B
5	ISO 5208—2015	Industrial Valves — Pressure Testing of Metallic Valves（《工业阀门——金属阀门的压力试验》）	B
6	ISO 15848—2015	Industrial Valves — Measurement，Test and Qualification Procedures for Fugitive Emissions（《工业阀门——用于逃逸排放的测量、测试和鉴定程序》）	B

3.2.7　通信

序号	标准号	名称	执行级别
1	NFPA 72—2022	National Fire Alarm and Signaling Code（《国家火灾报警和信号规范》）	B

3.2.8 消防给排水

序号	标准号	名称	执行级别
1	NFPA 10—2022	Standard for Portable Fire extinguishers (《手提式灭火器标准》)	B
2	NFPA 11—2021	Standard for Low-, Medium-, and High-Expansion Foam (《低膨胀、中膨胀和高膨胀泡沫标准》)	B
3	NFPA 13—2022	Standard for the Installation of Sprinkler Systems (《自动喷淋系统安装标准》)	B
4	NFPA 14—2024	Standard for the Installation Standpipe and Hose Systems (《立管及软管安装系统标准》)	B
5	NFPA 15—2022	Standard for Water Spray Fixed Systems for Fire Protection (《消防固定喷水系统标准》)	B
6	NFPA 17—2021	Standard for Dry Chemical Extinguishing Systems (《干式化学灭火系统标准》)	B
7	NFPA 20—2022	Standard for the Installation of Stationary Pumps for Fire Protection (《消防用固定泵安装规范》)	B
8	NFPA 22—2023	Standard for Water Tanks for Private Fire Protection (《私人消防水箱标准》)	B
9	NFPA 24—2022	Standard for the Installation of Private Fire Service Mains and Their Appurtenances (《私有消防总管及其附件的安装标准》)	B
10	NFPA 2001—2022	Standard on Clean Agent Fire Extinguishing Systems (《清洁剂灭火系统标准》)	B

3.2.9 安全

序号	标准号	名称	执行级别
1	NFPA 1—2021	Fire Code (《消防规范》)	B

3.2.10　防腐

序号	标准号	名称	执行级别
1	ISO 8501-1—2007	Preparation of Steel Substrates before Application of Paints and Related Products — Visual Assessment of Surface Cleanliness — Part 1：Rust Grades and Preparation Grades of Uncoated Steel Substrates and of Steel Substrates after Overall Removal of Previous Coatings（《涂料和相关产品使用前钢衬底的制备——表面清洁度的目测评估——第1部分：未涂覆钢衬底和彻底清除原有涂层后钢衬底的锈蚀等级和制备等级》）	B
2	SSPC-PA 1—2016	Shop，Field，and Maintenance Coating of Steel（《钢铁在车间、现场和维修时的油漆施工规范》）	B
3	SSPC-SP 1—2016	Solvent Cleaning（《溶剂清洗》）	B
4	SSPC-SP 2—2018	Hand Tool Cleaning（《手工工具清洁》）	B
5	SSPC-SP 3—2018	Power Tool Cleaning（《电动工具清洁》）	B
6	SSPC-SP 5—2007	White Metal Blast Cleaning（《白金属喷砂彻底清理》）	B
7	SSPC-SP 6—2007	Commercial Blast Cleaning（《商业级喷砂清理》）	B
8	SSPC-SP 7—2007	Brush-off Blast Cleanings（《刷除喷砂清理》）	B
9	SSPC-SP 8—2004	Pickling（《酸洗》）	B
10	SSPC-SP 10—2007	Near-White Blast Cleaning（《近白色喷砂清理》）	B
11	SSPC-SP 11—2013	Power Tool Cleaning to Bare Metal（《电动工具清理到裸露金属》）	B

3.3　验收标准

3.3.1　工艺

序号	标准号	名称	执行级别
1	ACI SP-326—2018	Durability and Sustainability of Concrete Structures（《混凝土结构的耐久性和可持续性》）	B

（续表）

序号	标准号	名称	执行级别
2	EN ISO 15630-1—2019	Steel for the Reinforcement and Prestressing of Concrete. Test Methods. Part 1：Reinforcing Bars，Rods and Wire（《混凝土的钢筋和预应力用钢. 试验方法. 第 1 部分：钢筋、杆和钢丝》）	B

3.3.2 土建

序号	标准号	名称	执行级别
1	ACI SP-326—2018	Durability and Sustainability of Concrete Structures（《混凝土结构的耐久性和可持续性》）	B
2	ASTM D522—1993a(2008)	Standard Test Methods for Mandrel Bend Test of Attached Organic Coatings（《用锥形心轴仪测定涂覆有机涂层延伸率的标准试验方法》）	B
3	EN 10080—2005	Steel for the Reinforcement of Concrete — Weldable Reinforcing Steel（《混凝土增强用钢——可焊接钢筋》）	B
4	EN 1008—2002	Mixing Water for Concrete. Specifications for Sampling，Testing and Assessing the Suitability of Water，including Water Recovered from Processes in the Concrete Industry，as Mixing Water for Concrete（《混凝土混合用水——取样、测试、评估用水适宜性(含将混凝土生产中的回收水用作混凝土用水》）	B
5	EN 10138—2000	Prestressing Steels（《预应力钢筋》）	A
6	EN 12620—2013	Aggregates for Concrete（《混凝土集料》）	B
7	EN 934-2—2009＋A1—2012	Admixtures for Concrete，Mortar and Grout—Part 2：Concrete Admixtures—Part 2：Definitions，Requirements，Conformity，Marking and Labelling（《混凝土、砂浆和灌浆外加剂——第 2 部分:混凝土外加剂——定义、要求、一致性、标记和标签》）	B
8	BS 4449—2005＋A3—2016	Steel for the Reinforcement of Concrete — Weldable Reinforcing Steel — Bar，coil and Decoiled Product Specification（《混凝土增强钢——可焊接增强钢. 棒材、卷材和拆卷产品. 规范》）	B

（续表）

序号	标准号	名称	执行级别
9	EN ISO 15630-1—2019	Steel for the Reinforcement and Prestressing of Concrete. Test. Methods. Part 1：Reinforcing Bars，Rods and Wire（《混凝土的钢筋和预应力用钢. 试验方法. 第1部分：钢筋、杆和钢丝》）	B

3.3.3 结构

序号	标准号	名称	执行级别
1	ANSI H 35.2 (M)—2017	Dimensional Tolerances for Aluminum Mill Products（《铝轧制产品的尺寸公差》）	B
2	ASTM B548—2003(2017)	Standard Test Method for Ultrasonic Inspection of Aluminum — Alloy Plate for Pressure Vessels（《压力容器用铝合金板超声波检验的标准试验方法》）	B
3	EN 10160—1999	Ultrasonic Testing of Steel Flat Products of Thickness Equal or Greater than 6 mm (Reflection Method)［《厚度等于或大于6 mm的扁钢制品的超声检验(反射方法)》］	B
4	EN 10204—2004	Metallic Products — Types of Inspection Documents（《金属产品——检验文件的类型》）	B
5	ISO 10721-1—1997	Steel Structures — Part 1：Materials and Design（《钢结构. 第1部分：材料和设计》）	B

3.3.4 管道

序号	标准号	名称	执行级别
1	API 6FA—2020	Specification for Fire Test of Valves（《阀门耐火试验标准》）	B
2	API 598—2023	Valves Inspection and Testing（《阀门检查和测试》）	B
3	API 599—2020	Metal Plug Valves — Flanged，Threaded and Welding Ends（《法兰端、螺纹端和焊接端金属旋塞阀》）	B

（续表）

序号	标准号	名称	执行级别
4	API STD 607—2022	Fire Test for Quarter-Turn Valves and Valves Equipped with Nonmetallic Seats（《直角回转阀和配备非金属阀座的阀门的防火试验》）	B
5	API 608—2020	Metal Ball Valves—Flanged, Threaded and Welding Ends（《法兰、螺纹和焊接端的金属球阀》）	B
6	ASME B1. 1—2024	Unified Inch Screw Threads（UN, UNR, and UNJ Thread Forms）[《统一英制螺纹（UN、UNR 和 UNJ 螺纹形式）》]	B
7	ASME B 16. 5—2020	Pipe Flanges and Flanged Fittings（《管法兰和法兰管件》）	B
8	ASME B 16. 9—2018	Factory-Made Wrought Buttwelding Fittings（《工厂制造的锻钢对焊管件》）	B
9	ASME B16. 11—2021	Forged Fittings, Socket-Welding and Threaded（《承插焊和螺纹连接的锻造管件》）	B
10	ASME B16. 20—2023	Metallic Gaskets for Pipe Flanges（《管法兰用金属垫片》）	B
11	ASME B16. 21—2021	Nonmetallic Flat Gaskets for Pipe Flanges（《管件的非金属垫片》）	B
12	ASME B16. 25—2017	Buttwelding Ends（《对焊端》）	B
13	ASME B18. 31. 2—2014(R2019)	Continuous Thread Stud, Double-End Stud, and Flange Bolting Stud（Stud Bolt）（Inch Series）[《连续螺纹螺柱、双头螺柱和法兰栓接螺柱（双头螺柱）（英制系列）》]	B
14	ASME B 31. 3—2020	Process Piping（《工艺管道》）	B
15	ASME BPVC. Ⅱ. A—2023	2023 ASME Boiler and Pressure Vessel Code, Section Ⅱ: Materials — Part A: Ferrous Material Specifications（《2023 ASME 锅炉和压力容器规范 第二节：材料——第A部分：黑色材料规范》）	B
16	ASTM A234/A234M—2024	Standard Specification for Piping Fittings of Wrought Carbon Steel and Alloy Steel for Moderate and High Temperature Service（《中高温用锻碳钢和合金钢管道配件标准规范》）	B
17	ASTM A240/A240M—2023	Standard Specification for Chromium and Chromium-Nickel Stainless Steel Plate, Sheet, and Strip for Pressure Vessels for General Applications（《压力容器和一般应用铬和铬镍不锈钢板、薄板和带材的标准规范》）	B

(续表)

序号	标准号	名称	执行级别
18	ASTM A350/A350M—2024	Specification for Carbon and Low-Alloy Steel Forgings, Requiring Notch Toughness Testing for Piping Components (《管道部件所需缺口韧性试验用碳钢与低合金钢锻件的标准规范》)	B
19	ASTM A358/A358M—2024	Standard Specification for Electric-Fusion-Welded Austenitic Chromium-Nickel Stainless Steel Pipe for High-Temperature Service and General Applications (《高温与一般应用用电熔焊奥氏体铬镍合金不锈钢管标准规范》)	B
20	ASTM A370—2023	Standard Test Methods and Definitions for Mechanical Testing of Steel Products (《钢制品机械试验的标准试验方法和定义》)	B
21	ASTM A420/A420M—2024	Standard Specification for Piping Fittings of Wrought Carbon Steel and Alloy Steel for Low-Temperature Service (《低温设备用锻制碳素钢和合金钢管道配件标准规范》)	B
22	ASTM A671/A671M—2020	Standard Specification for Electric-Fusion-Welded Steel Pipe for Atmospheric and Lower Temperatures (《常温和低温用电熔焊钢管的标准规范》)	B
23	EN 10204—2004	Metallic Products — Types of Inspection Documents 金属产品——检验文件的类型	B
24	EN 12266—2012	Industrial Valves — Testing of Metallic Valves. (《工业阀门——金属阀门检验》)	B
25	EN ISO 10497—2022	Testing of Valves — Fire Type-Testing Requirements (《阀门试验——防火型试验要求》)	B
26	EN ISO 15761—2020	Steel Gate, Globe and Check Valves for Sizes DN 100 and Smaller for the Petroleum and Natural Gas Industries (《石油和天然气工业用尺寸为 DN 100 及更小的钢闸阀、球阀和止回阀》)	B
27	EN ISO 17292—2015	Metal Ball Valves for Petroleum, Petrochemical and Allied Industries (《石油、石油化工和相关工业用金属球阀》)	B

（续表）

序号	标准号	名称	执行级别
28	MSS SP 55—2011	Quality Standard of Steel Castings for Valves，Flanges and Fittings and Other Piping Components — Visual Method for Evaluation of Surface Irregularities（《阀门、法兰和配件及其他管道部件用铸钢件的质量标准——表面不规则性评定的目视法》）	B
29	MSS SP 61—2019	Pressure Testing of Valves（《阀门压力试验》）	B
30	ISO 15848-1—2015	Industrial Valves — Measurement，Test and Qualification Procedures for Fugitive Emissions — Part 1：Classification System and Qualification Procedures for Type Testing of Valves（《工业阀门——用于逃逸排放的测量、试验和鉴定程序——第 1 部分：阀门型式试验的分类系统和鉴定程序》）	B

3.3.5 机械

序号	标准号	名称	执行级别
1	AWS SFA/A5.23/A5.23M—2021	Specification for Low-Alloy and High Manganese Steel Electrodes and Fluxes for Submerged Arc Welding（《埋弧焊低合金高锰钢焊条和焊剂规范》）	B
2	ASME BPVC.Ⅱ.C—2023	Materials-Part C-Specifications for Welding Rods，Electrodes，and Filler Metals（《材料—第 C 部分—焊条、电极及填充金属规范》）	B
3	ASME BPVC IX—2023	2023 ASME Boiler and Pressure Vessel Code，Section Ⅸ，Qualification Standard for Welding，Brazing，and Fusing Procedures（《2023 ASME 锅炉和压力容器规范第九节焊接和钎焊评定》）	B
4	EN ISO 14555—2017	Welding — Arc Stud Welding of Metallic Materials（《焊接——金属材料的弧焊焊接》）	B
5	EN ISO 15614-2—2005	Specification and Qualification of Welding Procedures for Metallic Materials — Welding Procedure Test — Part 2：Aluminium and Its Alloys（《金属材料焊接工艺的规范和评定——焊接工艺试验——第 2 部分：铝及其合金的电弧焊》）	B

（续表）

序号	标准号	名称	执行级别
6	ISO/TR 15608—2017	Welding — Guidelines for a metallic materials grouping system（《焊接——金属材料分组系统指南》）	B
7	ANSI/AWS B4.0—2016	Standard Methods for Mechanical Testing of Welds（《焊缝机械试验的标准方法》）	B
8	API Spec 9A—2023	Specification for Wire Rope（《钢丝绳规范》）	B
9	ASME/AWS A5.01/A5.01M—2019	Filler Metal Procurement Guidelines（《填充金属采购指南》）	B
10	ASME/AWS SFA/A 5.11—2018	Specification for Nickel and Nickel-Alloy Welding Electrodes for Shielded Metal Arc Welding（《手工电弧焊镍和镍合金焊条规范》）	B
11	ASME/AWS SFA/A 5.14—2024	Specification for Nickel and Nickel-Alloy Bare Welding Electrodes and Rods（《镍和镍合金裸焊条和焊条规范》）	B
12	ASME BPVC Ⅱ.C—2023	2023 ASME Boiler and Pressure Vessel Code, Section Ⅱ: Materials — Part C: Specifications for Welding Rods, Electrodes and Filler Metals（《2023 ASME锅炉和压力容器规范第二节：材料——第C部分：焊条、电极和填充金属规范》）	B
13	ASME/AWS SFA/A5.4/A5.4M—2012	Specification for Stainless Steel Electrodes for Shielded Metal Arc Welding（《保护金属电弧焊用不锈钢焊条规范》）	B
14	ASME/AWSA5.9/A5.9M—2022	Specification for Bare Stainless Welding Electrodes and Rods（《不锈钢裸焊丝和焊条规范》）	B
15	ASTM A240/A240M—2023	Standard Specification for Chromium and Chromium-Nickel Stainless Steel Plate, Sheet, and Strip for Pressure Vessels and for General Applications（《压力容器和一般应用用铬和铬镍不锈钢板、薄板和带材标准规范》）	B
16	ASTM A276/A276M—2024	Standard Specification for Stainless Steel Bars and Shapes（《不锈钢棒材和型材标准规范》）	B
17	ASTM A370—2023	Standard Test Methods and Definitions for Mechanical Testing of Steel Products（《钢制品机械试验的标准试验方法和定义》）	B

（续表）

序号	标准号	名称	执行级别
18	ASTM A480/A480M—2024	Standard Specification for General Requirements for Flat-Rolled Stainless and Heat-Resisting Steel Plate, Sheet, and Strip（《轧制不锈钢和耐热钢板、薄板和带材的一般要求的标准规范》）	B
19	ASTM A484/A484M	Standard Specification for General Requirements for Stainless Steel Bars, Billets, and Forgings（《不锈棒材、坯料、型材和锻件的一般要求标准规范》）	B
20	ASTM A578/A578M—2017(2023)	Standard Specification for Straight-Beam Ultrasonic Examination of Rolled Steel Plates for Special Applications（《特殊用途轧制钢板的直光束超声波检验标准规范》）	B
21	ASTM C136/C136M—2014	Standard Test Method for Sieve Analysis of Fine and Coarse Aggregates（《细骨料和粗骨料筛析的标准试验方法》）	B
22	ASTM C167—2022	Standard Test Methods for Thickness and Density of Blanket or Batt Thermal Insulations（《绝热层或板条层厚度和密度的标准试验方法》）	B
23	ASTM C177—2019	Standard Test Method for Steady-State Heat Flux Measurements and Thermal Transmission Properties by Means of the Guarded-Hot-Plate Apparatus（《用防护板装置测量稳态热通量和热传输特性的标准试验方法》）	B
24	ASTM C240—2021	Standard Test Methods of Testing Cellular Glass Insulation Block（《泡沫玻璃绝缘块试验的标准试验方法》）	B
25	ASTM C518—2021	Standard Test Method for Steady-State Thermal Transmission Properties by Means of the Heat Flow Meter Apparatus（《用热流计装置测定稳态热传输特性的标准试验方法》）	B
26	ASTM C549—2023	Standard Specification for Perlite Loose Fill Insulation（《珍珠岩松散填充绝缘材料的标准规格》）	B
27	ASTM C552—2022	Standard Specification for Cellular Glass Thermal Insulation（《多孔玻璃隔热材料标准规范》）	B
28	ASTM C553—2024	Standard Specification for Mineral Fiber Blanket Thermal Insulation for Commercial and Industrial Applications（《商业和工业应用矿物纤维毯绝热标准规范》）	B

（续表）

序号	标准号	名称	执行级别
29	ASTM D1475—2015	Standard Test Method for Density of Liquid Coatings, Inks, and Related Products（《液态涂料、油墨水和相关产品密度的标准试验方法》）	B
30	ASTM D1640—2014(2022)	Standard Test Methods for Drying, Curing, or Film Formation of Organic Coatings（《室温下的干燥、固化或成膜的标准试验方法》）	B
31	ASTM D93—2019	Standard Test Methods for Flash Point by Pensky-Martens Closed Cup Tester（《使用 Pensky-Martens 闭杯试验机测定闪点的标准试验方法》）	B
32	ASTM D41—2011(2023)	Standard Specification for Asphalt Primer Used in Roofing, Dampproofing, and Waterproofing（《屋面、防潮和防水用沥青底漆标准规范》）	B
33	ASTM E 398—2020	Standard Test Method for Water Vapor Transmission Rate of Sheet Materials Using Dynamic Relative Humidity Measurement（《利用动态相对湿度测量测定薄片材料的水蒸气透过率的标准测试方法》）	B
34	BS 6398—1983	Specification for Bitumen Damp-Proof Courses for Masonry（《砖石砌筑用沥青铺防潮层规范》）	B
35	EN 10028-1—2017	Flat Products Made of Steels for Pressure Purposes — Part 1：General Requirements（《压力用的扁钢制品. 第 1 部分：一般要求》）	B
36	EN 10028-4—2017	Flat Products Made of Steels for Pressure Purposes — Part 4：Nickel Alloy Steels with Specified Low Temperature Properties（《压力用的扁钢制品. 第 4 部分：具有低温性能的镍合金钢》）	B
37	EN 10160—1999	Ultrasonic Testing of Steel Flat product of Thickness Equal or Greater than 6mm (Reflection Method) [《厚度等于或大于 6mm 扁钢制品的超声检验(反射方法)》]	B
38	EN 10204—2004	Metallic Products — Types of Inspection Documents（《金属产品——检验文件的类型》）	B

（续表）

序号	标准号	名称	执行级别
39	EN 12644—2008	Cranes — Information for use and testing（《起重机——使用和试验的信息》）	B
40	EN ISO 15614-1—2017	Specification and Qualification of Welding Procedures for Metallic Materials. Welding Procedure Test — Part 1：Arc and Gas Welding of Steels and Arc Welding of Nickel and Nickel Alloys（《金属材料焊接工艺的规范和评定——焊接工艺试验——第1部分：钢的电弧焊和气焊以及镍和镍合金的电弧焊》）	B
41	EN ISO 9016—2022	Destructive Tests on Welds in Metallic Materials — Impact Tests — Test Specimen Location，Notch Orientation and Examination（《金属材料焊缝的破坏性试验——冲击试验——试验位置、缺口方向和检查》）	B
42	EN 10045—1990	Charpy Impact Test on Metallic Materials（《金属材料的夏比冲击试验》）	B
43	IEC 60034—2024	Rotating Electrical Machines（《旋转电机》）	B
44	ISO 14172—2023	Welding Consumables — Covered Electrodes for Manual Arc Welding of Nickel and Nickel Alloys — Classification（《焊接耗材——镍及镍合金的手工金属电弧焊用焊条——分类》）	B
45	ISO 14174—2019	Welding Consumables — Fluxes for Submerged Arc Welding and Electroslag Welding — Classification（《焊接焊材——用于埋弧焊和电焊焊接的焊剂——分类》）	B
46	ISO 18274—2023	Welding Consumables — Solid Wire Electrodes，Solid Strip Electrodes，Solid Wires and Solid Rods for Fusion Welding of Nickel and Nickel Alloys —Classification（《焊接耗材.镍和镍合金熔焊用实心线电极、实心带电极、实心线和实心棒.分类》）	B
47	ISO 3951-1—2022	Sampling Procedures for Inspection by Variables — Part 1：Specifications for Single Sampling Plans Indexed by Acceptance Quality Limit（AQL）for Lot-by-Lot Inspection for a Single Quality Characteristic and a Single AQL［《变量检验的抽样程序——第1部分：按验收质量(AQL)检查且用于单一质量特征和单一AQL逐批检验的单一抽样计划规范》］	B
48	API STD 610—2021	Centrifugal Pumps for Petroleum，Petrochemical and Natural Gas Industries（《石油、石化和天然气工业用离心泵》）	A

（续表）

序号	标准号	名称	执行级别
49	ISO 9906—2012	Rotodynamic pumps — Hydraulic Performance Acceptance Tests — Grades 1，2 and 3（《回转动力泵—水力性能验收试验——等级 1,2 和 3》）	B

3.3.6　电气

序号	标准号	名称	执行级别
1	API RP 540—1999(2013)	Electrical Installations in Petroleum Processing Plants（《石油加工厂的电气装置》）	B
2	API RP 2003—2015(R2020)	Protection against Ignitions Arising Out of Static，Lightning，and Stray Currents（《静电、雷电和杂散电流引起的点火保护》）	B
3	IEC 60079-0—2017	Explosive Atmospheres—Part 0：Equipment—General Requirements（《爆炸性环境.第 0 部分：设备.一般要求》）	B
4	IEC 60364-5-56—2018	Low-Voltage Electrical Installations — Part 5 - 56：Selection and Erection of Electrical Equipment — Safety Services（《低压电气装置——第 5-56 部分：电气设备的选择及安装——安全服务》）	B
5	IEC 60529—2020	Degree of Protection Provided by Enclosures(IP Code)［《外壳防护等级(IP 代码)》］	B
6	IEC 61000 —2022	Electromagnetic Compatibility（《电磁兼容性》）	B
7	IEC 62305—2024	Protection against Lightning（《雷电防护》）	B
8	IEEE 242—2001	Recommended Practice for Protection and Coordination of Industrial and Commercial Power Systems（《工业及商业电力系统保护及配合用推荐规程》）	B
9	IEEE STD 142—2007	IEEE Recommended Practice for Grounding of Industrial and Commercial Power Systems（《IEEE 工业和商业电力系统接地推荐规程》）	B
10	NF C17-102—2011	Protection against Lightning — Early Streamer Emission Lightning Protection Systems（《建筑物防雷标准：电子流辐射早期避雷系统》）	B

（续表）

序号	标准号	名称	执行级别
11	NFPA 70—2023	National Electrical Code（《国家电气规范》）	B
12	NFPA 780—2023	Standard For the Installation of Lightning Protection Systems（《防雷系统安装标准》）	B

3.3.7 仪表

序号	标准号	名称	执行级别
1	ANSI/ISA 12.01.01—2013	Definitions and Information Pertaining to Electrical Equipment in Hazardous (Classified) Locations [《危险(分类)场所电气设备定义和相关信息》]	B
2	ISA 5.5—1985	Graphic Symbols for Process Displays（《过程显示图形符号》）	B
3	ANSI/ISA S7.0.01—1996	Quality Standard for Instrument Air（《仪表空气质量标准》）	B
4	ANSI/FCI 70-2—2021	Control Valve Seat Leakage（《控制阀座泄露》）	B
5	API 598—2023	Valve Inspection and Testing（《阀门检查和测试》）	B
6	API STD 607—2022	Fire Test for Quarter-Turn Valves and Valves Equipped with Nonmetallic Seats（《直角回转阀和配备非金属阀座的阀门的防火试验》）	B
7	API 608—2016	Metal Ball Valves — Flanged, Threaded, and Welding End（《法兰、螺纹和焊接端金属球阀》）	B
8	API 609—2021	Butterfly Valves: Double-Flanged, Lug- and Wafer-type, and Butt-welding Ends（《双法兰式、凸耳式、对夹式和对焊端蝶阀》）	B
9	API 6D—2021	Specification for Valves《阀门规范》	B
10	API 6FA—2020	Specification for Fire Test of Valves（《阀门耐火试验标准》）	B

(续表)

序号	标准号	名称	执行级别
11	API RP 505—2018	Recommended Practice for Classification of Locations for Electrical Installations at Petroleum Facilities Classified as Class Ⅰ, Zone 0, Zone 1 and Zone 2 (《分组为Ⅰ级,0 区、1 区和 2 区石油设施电气安装位置分类的推荐实施规程》)	B
12	API RP 550—1983	Manual of Installation of Refinery Instruments and Control Systems《炼油厂仪表和控制系统安装手册》	B
13	API RP 551—2016	Process Measurement《过程测量》	B
14	ASME B16. 25—2017	Buttwelding Ends (《对焊端》)	B
15	ASME B16. 34—2020	Valves-Flanged, Threaded & Welding End (《法兰、螺纹和焊连接的阀门》)	B
16	BS 6364—1984(R1998)	Specification for Valves for Cryogenic Service (《低温阀门》)	B
17	EN 12266—2012	Industrial Valves — Testing of Metallic Valves (《工业阀门——金属阀门测试》)	B
18	EN 593—2017	Industry Valves — Metallic Butterfly Valves for General Purposes (《工业阀门——通用金属蝶阀》)	B
19	EN ISO-10497—2022	Testing of Valves — Fire type-Testing Requirements (《阀门试验——防火型试验要求》)	B
20	IEC 60079-0—2017	Explosive Atmospheres—Part 0: Equipment—General Requirements (《爆炸性环境. 第 0 部分:设备. 一般要求》)	B
21	IEC 61508—2010	Functional Safety of Electrical/Electronic/Programmable Electronic Safety-Related Systems (《电气、电子、程序可控的电子安全相关系统的功能性安全》)	B
22	IEC 60529—2020	Degree of Protection Provided by Enclosures (IP Code) [《外壳防护等级(IP 代码)》]	B
23	IEC 60534-8-3—2010	Industrial Process Control Valves — Part 8-3: Noise Considerations — Control Valve Aerodynamic Noise Prediction Method (《工业过程控制阀. 第 8-3 部分:噪声考虑. 控制阀气动噪声预测方法》)	B

（续表）

序号	标准号	名称	执行级别
24	IEC 60605—2017	Equipment reliability testing（《设备可靠性测试》）	B
25	IEC 60751—2022	Industrial Platinum Resistance Thermometers and Platinum Temperature Sensors（《工业铂电阻温度计和铂温度传感器》）	B
26	IEC 61000—2020	Electromagnetic Compatibility（《电磁兼容性》）	B
27	ISA 75.01.01—2012	Industrial-Process Control Valves — Part 2-1：Flow Capacity — Sizing Equations for Fluid Flow under Installed Conditions（《工业过程控制阀. 第 2-1 部分：流量. 安装条件下液体流量的尺寸方程》）	B
28	ISA 20—1981	Specification Forms for Process Measurement and Control Instruments，Primary Elements and Control Valves（《过程测量和控制仪表、一次元件和控制阀的规范形式》）	B
29	ISA 5.1—2024	Instrumentation Symbols and Identification（《仪表符号和标识》）	B
30	ISA 75.02.01—2008	Control Valve Capacity Test Procedure（《控制阀容量测试程序》）	B
31	ISA S75.19.01—2013	Hydrostatic Testing of Control Valves（《控制阀的水压试验》）	B
32	ISO 5208—2015	Industrial Valves — Pressure Testing of Metallic Valves（《工业阀门——金属阀门的压力试验》）	B
33	ISO 15848—2015	Industrial Valves — Measurement，Test and Qualification Procedures for Fugitive Emissions（《工业阀门——用于逃逸排放的测量、测试和鉴定程序》）	B
34	MSS SP-134—2012	Valves for Cryogenic Service including Requirements for Body/Bonnet Extensions（《低温阀门及其阀体/阀盖加长体的要求》）	B

3.3.8 通信

序号	标准号	名称	执行级别
1	NFPA 72—2022	National Fire Alarm and Signaling Code（《国家火灾报警和信号规范》）	B

3.3.9　消防给排水

序号	标准号	名称	执行级别
1	API Spec 15LR—2001(R2013)	Specification for Low Pressure Fiberglass Line Pipe (《低压玻璃纤维线管及其组件规格》)	B
2	NFPA 10—2022	Standard for Portable Fire Extinguishers (《手提式灭火器标准》)	B
3	NFPA 11—2021	Standard for Low-, Medium-, and High-Expansion Foam (《低膨胀、中膨胀和高膨胀泡沫标准》)	B
4	NFPA 13—2022	Standard for the Installation of Sprinkler Systems (《自动喷淋系统安装标准》)	B
5	NFPA 14—2024	Standard for the Installation Standpipe and Hose Systems (《立管及软管安装系统标准》)	B
6	NFPA 15—2022	Standard for Water Spray Fixed Systems for Fire Protection (《消防固定喷水系统标准》)	B
7	NFPA 17—2021	Standard for Dry Chemical Extinguishing Systems (《干式化学灭火系统标准》)	B
8	NFPA 2001—2022	Standard on Clean Agent Fire Extinguishing Systems (《清洁剂灭火系统标准》)	B

3.3.10　安全

序号	标准号	名称	执行级别
1	NFPA 1—2021	Fire Code (《消防规范》)	B
2	NFPA 72—2022	National Fire Alarm and Signaling Code (《国家火灾报警和信号规范》)	B

3.3.11 防腐

序号	标准号	名称	执行级别
1	ASTM A123/A123M—2024	Standard Specification for Zinc (Hot-Dip Galvanized) Coatings on Iron and Steel Products [《钢铁制品锌(热镀锌)涂层的标准规范》]	B
2	ASTM D4541—2022	Standard Test Method for Pull-Off Strength of Coatings Using Portable Adhesion Testers (《用便携式附着力测试仪测定涂层剥离强度的标准试验方法》)	B
3	ASTM D3359—2023	Standard Test Methods for Rating Adhesion by Tape Test (《胶带试验评定附着力的标准试验方法》)	B
4	ASTM D4752—2020(2024)	Standard Practice for Measuring MEK Resistance of Ethyl Silicate (Inorganic) Zinc-Rich Primers by Solvent Rub (《用溶剂擦拭法测量硅酸乙酯(无机)富锌底漆的耐 MEK 性的标准规程》)	B
5	ASTM D4285—2024	Standard Practice for Indicating Oil or Water in Compressed Air (《压缩空气中油或水指示的标准规程》)	B
6	ASTM D5162—2024	Standard Practice for Discontinuity (Holiday) Testing of Nonconductive Protective Coating on Metallic Substrates [《金属衬底上绝缘保护涂层不连续性(漏涂)测试的标准实施规程》]	B
7	ISO 2409—2020	Paints and Varnishes — Cross-Cut Test (《色漆和清漆. 横切试验》)	B
8	ISO 2808—2019	Paints and Varnishes — Determination of Film Thickness (《色漆和清漆——漆膜厚度的测定》)	B
9	ISO 4624—2016	Paints and Varnishes — Pull-off test for adhesion (《色漆和清漆. 附着力撕拉脱试验》)	B
10	ISO 8501-1—2007	Preparation of Steel Substrates before Application of Paints and Related Products — Visual Assessment of Surface Cleanliness — Part 1: Rust Grades and Preparation Grades of Uncoated Steel Substrates and of Steel Substrates after Overall Removal of Previous Coatings (《涂料和相关产品使用前钢衬底的制备——表面清洁度的目测评估——第1部分：未涂覆钢衬底和彻底清除原有涂层后钢衬底的锈蚀等级和制备等级》)	B

（续表）

序号	标准号	名称	执行级别
11	ISO 8502-6—2020	Preparation of Steel Substrates before Application of Paints and Related products — Tests for the Assessment of Surface Cleanliness — Part 6：Extraction of Water-Soluble Contaminants for Analysis (Bresle Method) [《涂覆油漆和相关产品前钢材表面处理.表面清洁度的评定试验.第6部分：提取分析用水溶性杂质(Bresle法)》]	B
12	ISO 8502-9—2020	Preparation of Steel Substrates before Application of Paints and Related Products — Tests for the Assessment of Surface Cleanliness — Part 9：Field Method for the Conductometric Determination of Water-Soluble Salts (《涂料和相关产品使用前钢材料的制备.表面清洁度的评定试验.第9部分：水溶性盐电导率测定的现场方法》)	B
13	NACE SP0188—2006	Discontinuity (Holiday) Testing of Protective Coatings on Conductive Substrates [《导电基底上新保护涂层的不连续性(漏涂)测试》]	
14	SSPC-PA 1—2016	Shop, Field, and Maintenance Coating of Steel (《钢铁在车间、现场和维修时的油漆施工规范》)	B
15	SSPC-SP 1—2016	Solvent Cleaning (《溶剂清洗》)	B
16	SSPC-SP 2—2018	Hand Tool Cleaning (《手工工具清洁》)	B
17	SSPC-SP 3—2018	Power Tool Cleaning (《电动工具清洁》)	B
18	SSPC-SP 5—2007	White Metal Blast Cleaning (《白金属喷砂彻底清理》)	B
19	SSPC-SP 6—2007	Commercial Blast Cleaning [《商业级喷砂(清理)》]	B
20	SSPC-SP 7—2007	Brush-off Blast Cleanings (《刷除喷砂清理》)	B
21	SSPC-SP 8—2004	Pickling (《酸洗》)	B
22	SSPC-SP 10—2007	Near-White Blast Cleaning (《近白色喷砂清理》)	B
23	SSPC-SP 11—2013	Power Tool Cleaning to Bare Metal (《电动工具清理到裸露金属》)	B

3.4 调试标准

3.4.1 工艺

序号	标准号	名称	执行级别
1	ASME B31.3—2020	Process Piping (《工艺管道》)	B
2	API STD 610—2021	Centrifugal Pumps for Petroleum, Petrochemical and Natural Gas Industries (《石油、石化和天然气工业用离心泵》)	B
3	API STD 625—2021	Tank Systems for Refrigerated Liquefied Gas Storage (《低温液化气体储存罐系统》)	B
4	ISO 4126-7—2020	Safety Devices for the Protection Against Excessive Pressure — Part 7: Common Data (《过压保护安全设备—第 7 部分: 通用数据》)	B

3.4.2 电气

序号	标准号	名称	执行级别
1	API RP 540—1999(2013)	Electrical Installations in Petroleum Processing Plants (《石油加工厂的电气装置》)	B
2	IEC 60079-0—2017	Explosive Atmospheres—Part 0: Equipment—General Requirements (《爆炸性环境. 第 0 部分:设备. 一般要求》)	B
3	IEC 60529—2020	Degree of Protection Provided by Enclosures (IP Code) [《外壳防护等级(IP 代码)》]	B
4	IEC 61000 —2022	Electromagnetic Compatibility (《电磁兼容性》)	B
5	IEC 62305—2024	Protection against Lightning (《雷电防护》)	B
6	IEEE 242—2001	Recommended Practice for Protection and Coordination of Industrial and Commercial Power Systems (《工业及商业电力系统保护及配合用推荐规程》)	B
7	IEEE STD 142—2007	IEEE Recommended Practice for Grounding of Industrial and Commercial Power Systems (《IEEE 工业和商业电力系统接地推荐规程》)	B

（续表）

序号	标准号	名称	执行级别
8	NF C17-102—2011	Protection against Lightning — Early Streamer Emission Lightning Protection Systems（《建筑物防雷标准：电子流辐射早期避雷系统》）	B
9	NFPA 70—2023	National Electrical Code（《国家电气规范》）	B

3.4.3 仪表

序号	标准号	名称	执行级别
1	ANSI/ISA 12.01.01—2013	Definitions and Information Pertaining to Electrical Equipment in Hazardous (Classified) Locations [《危险(分类)场所电气设备定义和相关信息》]	B
2	ISA S5.3—1983	Graphic Symbols for Distributed Control/Shared Display Instrumentation, Logic and Computer Systems（《分布式控制/共享显示仪表、逻辑和计算机系统用图形符号》）	B
3	ISA 5.4—1991	Instrument Loop Diagrams（《仪表回路图》）	B
4	ISA 5.5—1985	Graphic Symbols for Process Displays（《过程显示图形符号》）	B
5	API RP 551—2016	Process Measurement（《过程测量》）	B
6	IEC 60079-0—2017	Explosive Atmospheres — Part 0: Equipment — General Requirements（《爆炸性环境.第0部分：设备.一般要求》）	B
7	IEC 61508—2010	Functional Safety of Electrical/Electronic/Programmable Electronic Safety-Related Systems（《电气、电子、程序可控的电子安全相关系统的功能性安全》）	B
8	IEC 60529—2020	Degree of Protection Provided by Enclosures (IP Code) [《外壳防护等级(IP代码)》]	B
9	IEC 60534-8-3—2010	Industrial Process Control Valves—Part 8-3: Noise considerations—Control Valve Aerodynamic Noise Prediction Method（《工业过程控制阀.第8-3部分：噪声考虑.控制阀气动噪声预测方法》）	B
10	IEC 60605—2017	Equipment Reliability Testing（《设备可靠性试验》）	B

（续表）

序号	标准号	名称	执行级别
11	ISA 5.1—2024	Instrumentation Symbols and Identification（《仪表符号和标识》）	B
12	ISA 5.2—1976	Binary Logic Diagrams for Process Operations（《工艺操作的二进制逻辑图》）	B
13	ISO 5208—2015	Industrial Valves — Pressure Testing of Metallic Valves（《工业阀门——金属阀门的压力试验》）	B

3.4.4 通信

序号	标准号	名称	执行级别
1	NFPA 72—2022	National Fire Alarm and Signaling Code（《国家火灾报警和信号规范》）	B

3.4.5 机械

序号	标准号	名称	执行级别
1	EN 12644—2008	Cranes — Information for Use and Testing（《起重机——使用和测试信息》）	B
2	IEC 60034—2017	Rotating Electrical Machines（《旋转电机》）	B
3	API STD 610—2021	Centrifugal Pumps for Petroleum, Petrochemical and Natural Gas Industries（《石油、石化和天然气工业用离心泵》）	B
4	ISO 9906—2012	Rotodynamic pumps — Hydraulic Performance Acceptance Tests — Grades 1, 2 and 3（《回转动力泵——水力性能验收试验——等级1,2和3》）	B

3.4.6　安全

序号	标准号	名称	执行级别
1	NFPA 1—2021	Fire Code（《消防规范》）	B
2	NFPA 72—2022	National Fire Alarm and Signaling Code（《国家火灾报警和信号规范》）	B
3	NFPA 92—2021	Standard for Smoke Control Systems（《烟雾控制系统标准》）	B

3.4.7　消防给排水

序号	标准号	名称	执行级别
1	NFPA 10—2022	Standard for Portable Fire Extinguishers（《手提式灭火器标准》）	B
2	NFPA 11—2021	Standard for Low-, Medium-, and High-Expansion Foam（《低膨胀、中膨胀和高膨胀泡沫标准》）	B
3	NFPA 13—2022	Standard for the Installation of Sprinkler Systems（《自动喷淋系统安装标准》）	B
4	NFPA 14—2024	Standard for the Installation Standpipe and Hose Systems（《立管及软管安装系统标准》）	B
5	NFPA 15—2022	Standard for Water Spray Fixed Systems for Fire Protection（《消防固定喷水系统标准》）	B
6	NFPA 17—2021	Standard for Dry Chemical Extinguishing Systems（《干式化学灭火系统标准》）	B
7	NFPA 2001—2022	Standard on Clean Agent Fire Extinguishing Systems（《清洁剂灭火系统标准》）	B